和動物
說話的男人

So kam der Mensch auf den Hund

《所羅門王的指環》作者
的狗貓行為觀察學

Konrad Lorenz
康拉德·勞倫茲

張冰潔｜譯
Annie Eisenmenger｜內頁插畫

謹把這本書獻給既愛貓也愛狗
既了解貓也了解狗的人

Contents

目錄

導讀

找到人與動物的最適距離

顏聖紘

上生物課時，大家可能都聽過「印痕行為」（Imprinting），最知名的案例就是「小鴨一孵出來時會把第一眼看到的移動物當成媽媽，並會本能地跟著牠走」。這個現象之所以知名，其實全拜本書作者勞倫茲所賜。他在一九四九年所著的《所羅門王的指環：與蟲魚鳥獸親密對話》（*Er redete mit dem Vieh, den Vögeln und den Fischen*）以及在一九八八年才問世的《雁鵝與勞倫茲》（*Hier bin ich-wo bist du?*），鉅細靡遺地描述了印痕行為的迷人之處，也讓他的著作與知識在我們的教育中占有一個小小的角落。

許多人對勞倫茲的印象，可能源自《所羅門王的指環》中所描繪多采多姿且誘人的動物行為世界。還記得這本書的中文版在一九九三年出版時，我反反覆覆看了大概十次，裡面所提到的生物雖然多數不產於臺灣，但在他的生花妙筆（再加上翻譯的功勞）下，讓我自此深深著迷於動物行為學。

同樣在一九九三年，勞倫茲在一九五〇年所著的《和動物說話的男人》（*So kam der Mensch auf den Hund*）中文版也首度問世。不過在那個年代，如Facebook、Twitter、Instagram等社群平臺在臺灣並不普及或尚未出現，因此一九九三年的版本除了「愛貓愛狗人」收藏之外，並沒有引起更多有關動物行為、動物福祉，甚至是人與犬貓關係的討論。

在進入本書之前，我們需要先了解勞倫茲的背景。他是出生於奧地利的動物學家、鳥類學家、動物心理學家，而且也建立了現代動物行為學的基礎。在二次世界大戰之前，他的研究一直被稱為「動物心理學」，即後來的本能理論（Instinct Theory）。一九三六年，他遇見了尼古拉斯・廷貝亨（Nikolaas Tinbergen），並一起研究野雁、家鵝及其雜交個體的行為。勞倫茲也經常引伸這類的實驗結果，並詮釋人類社會中的現象，好比說他認為：「集體飼養的動物在飲食與求偶行為上漸趨同步，但個體間原本多樣化的社交行為卻會漸漸消失，而類似的過程可能會出現在人類文明中。」

廷貝亨在一九六三年時稱勞倫茲為「動物行為學之父」，而勞倫茲對於動物行為學最重要的貢獻在於，他認為我們可經由動物的形態結構與解剖構造來推測動物行為的模式。一九七三年，他因在個體與社會行為學方面的貢獻，與卡爾・馮・弗里希（Karl von Frisch）、尼古拉斯・廷貝亨共享諾貝爾生理學或醫學獎。

然而眾所皆知的是，勞倫茲在一九三八年時加入納粹，並接受了納粹政權下的大學主席職務。那麼他是否因此而感到懊悔？根據諾貝爾獎網頁所刊登的勞倫茲生平事蹟，他的確在日後感到相當懊悔，因為他對動物繁殖、馴化的實驗與熱中，被視為「優生學」與「種族清洗」的支持者。

我為什麼需要在介紹這本書前提到這些背景？此作問世於一九五〇年，在那個年代有很多的論述尚未成熟或並非主流，因此我們在讀這本書時難免會遇上「疑似歐洲本位主義」與「白人至上主義」的迷霧與疑慮；此外，我們在閱讀時亦需了解歷史與個人背景，以免把書中所有情境直接套用到二十一世紀，並因此產生錯誤的認知或批判。而在遺傳學與神經行為學不發達、分子生物學與表徵遺傳學尚未出現的年代，勞倫茲當年對貓狗行為的詮釋與解讀也將與現代知識有些差異。

本書除了前言之外總共分為二十一章。在前言中，我很喜歡勞倫茲揭露自己對不同動物的情感差異所呈現的「偽善」，這樣的坦然是罕見的。許多人認為自己非常愛動物，但其實那樣的愛奠基於忽視動物的多樣性、人類文化的多樣性，以及我們對動物行為及其與人類關係的過度臆測。不過在論及「貓與狗在人類生活中的不可或缺」時，我們應該要留意的是，這全然是北半球觀點，因為在非西方文化的演進中，狗與貓並不存在，這個世界上還有其他動物受人類長期馴化，並且發展出緊密的關係。

在接下來的二十一章中，勞倫茲試圖從狗如何從野生的灰狼進入人類社會，又是因為何種特質被馴化成依存於人類社會的動物。在從狼變成狗之後，勞倫茲關注的就是人類如何觀察與理解狗，好比說每一種狗的性格是如何地不同，還有所謂的「訓練」是否應透過制約來完成。但是談到狗與狗之間的交互關係時，勞倫茲認為由於「每一種狗含有狼血統的差異」，造就了狗在性格上的差異。這點可能並沒有被現今科學所支持。動物的性格具有非常大的個體變化，除了來自親代的遺傳貢獻之外，還可能受到胚胎發育時期的表徵遺傳因素，以及日後因環境或與其他動物的交互關係所形塑。

從第六章開始，勞倫茲以動物行為學者的角度剖析人與狗的關係。他認為人類的確會因為過度喜愛狗而給予過多的情感投射，以至於把人類社會的道德與情感規範拿來詮釋人狗關係。他認為這樣是不健康的，而且建議所有愛狗者嘗試以演化學的角度、生物學的角度，來好好認識狗這種動物。

好，說了半天都在談狗，本書的主題就是狗，但是勞倫茲是否關注貓呢？當然。他在書中花了四個章節談貓。談貓的什麼？談貓的行為，為什麼被馴化了一萬年但在行為上並未如狗一般被大幅度地改變，還有貓與人的有趣攻防之中所衍生的各種趣味議題。

在最後兩章，勞倫茲花了一些篇幅來談論人類究竟能否使用自己的情感認知來解讀動物的行為，好比說貓狗有沒有同情心？如果有，我們又怎麼知道？有沒有同情心能夠經由實驗驗證嗎？我們認為狗很忠誠，但是牠所依附的究竟是人？還是人所給予的資源？最後當這些動物死亡了，我們又將如何面對曾與生活緊密結合的生命的逝去？

勞倫茲在書中不談大道理，而是花費較多的文字細細描述他對動物的觀察，以其他所認知的現象。沒有基於個人情感的依附所產生的判斷偏差，也沒有因而讓他熱烈地擁抱與獨鍾一種動物。

我相信這樣的書寫方式與內容，或許不是那麼貼近許多貓狗寵物飼主的知識背景，甚至與許多宣稱自己能與寵物溝通，或是能調教動物的神人的教戰守則有所違背。然而身為一位生物學者，我相信勞倫茲這種對動物保持關注、仔細觀察與思考，但仍保持距離，不把動物擬人化，也不高抬人類對動物意義的態度，或許才是人與動物關係邁向健康發展的基石。

（本文作者為國立中山大學生物科學系副教授）

推薦序

遇見貓狗的男人

黃貞祥

我每天回到家時，愛貓小皮不管在睡覺與否，都會懶洋洋地走到門邊迎接我，只差沒十足像隻小狗搖尾巴。每當我準備出門，小皮還會衝到玄關門邊阻擋，我只能用零食誘拐牠到客廳享用，然後用最快的速度逃離現場，有時候還不見得有效。還住在舊家時，我才走到樓下街道，牠就已經認出我的腳步聲，開始在門邊大聲喵喵叫了。如果我把牠關在房門外，牠的叫聲更像是啼哭的小嬰兒。

小皮是黏人精，天天都要摸摸牠，否則就會生氣地喵喵叫，還用前腳輕摸我的臉提醒。牠在家中和我形影不離，幾乎是我走到哪裡就跟到哪裡；牠同時也是人來瘋，只要有人來家裡，牠一定會不停磨蹭、翻滾、跳上跳下地刷存在感，如果不理牠就會拚命搗蛋。但是牠的玩伴小白，在家時不僅不太理會我，一有陌生人來，就會躲到床底或沙發下害怕地發抖。小皮很愛和小白玩耍打架，儘管小白體型較大，可是從不認輸的小皮一旦打輸就會生氣地吼叫，小白也不得不讓牠幾分。

貓狗真的是很有個性的伴侶動物，難怪養了貓狗的人類幾乎都會把牠們當作小孩看待。畢竟牠們除了不會說人話，行為上和人類小孩有何差異？雖然人類不曉得貓狗聽不聽得懂，但仍不停地對牠們說話。我有時候會思考，人類和伴侶動物之間算是怎樣的友誼？而牠們對人類又懷抱著怎樣的感情？身為生物學家，又該如何以專業的視角來看待自己和伴侶動物之間的關係呢？

科普經典《所羅門王的指環》作者——動物行為學的開山祖師、一九七三年諾貝爾生理醫學獎得主康拉德．勞倫茲超愛飼養動物，在奧地利家中養了各種各樣的動物，其中也有不少貓狗寵物。他在這本《和動物說話的男人》以多篇散文揭示了他和貓狗之間的感情與故事。

勞倫茲和家人飼養了多隻愛犬和愛貓，他在書中暢談牠們的大小事蹟，用這些真情流露的故事闡述動物行為的不同面向。就像人類的頑皮小孩一樣，貓狗帶給人們的生活真是多彩多姿，好的壞的都有。勞倫茲和家中愛犬之間的關係和情感也是五味雜陳，帶有各種喜怒哀樂，有些令人捧腹大笑，有的令人火冒三丈，有些則令人不勝唏噓。這位動物行為學大師在觀察貓狗和彼此的互動過程中，對牠們充滿無窮的好奇心，並思索出許多科學的道理。他描述人類和貓狗的初次邂逅，並討論貓狗的忠誠、個性、情感，以及許多有趣的行為及互動交流，同時也給予飼主訓練上的諸多建議等等，真是一本寓教於樂的好書。只要養過貓狗等伴侶動物的人，讀這本書時一定會有超多共鳴及感動。

近年科學上對貓狗，尤其是家犬的心理學、動物行為學及神經科學的研究汗牛充棟，讓我們對牠們的行為愈來愈了解；人們也同時意識到，我們和這些「動物」的分野並沒有過去以為的那麼大，其間的差異並非出於本質上，而是程度上。換句話說，是量變而非質變，人類不過就是在智能上更發達的動物，而其他動物只是某些程度上還不如我們而已，甚至我們在某些心智技能上也有可能不如一些「低等」動物。儘管勞倫茲在世時，可能還沒有這些先進研究技術，但他貼身動物的觀察，迄今仍讓學術界受用無窮。

另外，近年利用新興的基因體學，加上考古發現，對家犬、家貓的起源有了愈來愈多的新發現，然而謎團卻也愈來愈多，無論是起源地、馴化的次數，以及時間等等仍有爭議。我們人類和這些伴侶動物間錯綜複雜的關係，還真的是剪不斷、理還亂，看來人類和其他動物建立友誼是性情使然，古今中外皆如此。勞倫茲也在書中提到，即使其他動物之間的友誼關係可能是存疑的，人類和動物之間無疑是雙向情感交流的真友誼。讓我們在《和動物說話的男人》中見證這些真摯的友誼吧！

（本文作者為國立清華大學生命科學系助理教授、泛科學專欄作者）

推薦序

一探數千年情感之謎

王齡敏

念小學時，跟許多人一樣，我常向爸爸吵著要養小狗。起初媽媽極力反對，等到上國中，某天爸爸真的抱了一隻貴賓與比熊的混種幼犬回來，我們取名為「皮皮」。之後，媽媽竟然態度逆轉，對皮皮又親又抱、疼愛有加。高一時，第一次讀到勞倫茲的名著《所羅門王的指環》，簡直如癡如醉，有好一陣子每天睡前都要讀個幾章，反覆咀嚼，希望能夠多吸取一些不同的知識。後來，我選擇就讀中興大學獸醫系（當然養了皮皮也是原因之一），念書時還短期哺育了幾隻被遺棄的小乳貓，之後更一頭栽進野生動物救傷的領域。或許是受到勞倫茲的啟蒙，我在當野生動物獸醫時，會去觀察每種動物或個體的獨特行為。就拿在樹洞築巢的五色鳥來說吧，我發現收養在紙盒中的初生雛鳥要等光線變暗才會張嘴乞食，因為在野外，親鳥帶食物回巢時會擋住洞口，使得巢內變暗，本能反應就會讓雛鳥張口。但是等到五色鳥開眼後（剛出生時眼睛是緊閉的），或許慢慢知道盒子打開才有食物吃，這樣的變暗乞食行為才漸漸消失。

《和動物說話的男人》一書以狗的行為觀察為主，即使是七十年前撰寫的書籍，至今讀來仍讓人讚嘆勞倫茲的觀察入微，尤其是關於狗的性格，這部分困惑我已久，但在勞倫茲生動的筆下，這些狗祖先的遠古基因表現，現今仍可從不同品種的犬隻身上觀察出來。或許是當年飼養過皮皮，以及領養了一隻我取名叫「黑熊」的流浪犬緣故，《和動物說話的男人》這本書讀起來特別有感觸。皮皮屬於玩賞犬品種，對家中長輩常常撒嬌討抱；反之，黑熊是類似臺灣土狗的中型流浪犬，初識黑熊時，她甚至挖了個土穴，生了四隻小狗在裡頭。雖然後來領養了牠，牠卻仍然保有自尊並崇尚自由，未曾對我諂媚。

雖然書中對貓的敘述較少，但在第十六章〈貓的遊戲〉與十七章〈貓的愛情〉裡，生動的筆觸仍讓我會心一笑，過去當小貓中途飼主的塵封記憶再次被挖掘出來，腦海中浮現出小貓打架的拙樣與成貓帶有的野性優雅。第十三章〈溝通的語言〉中提到，「天生行為反應的退化並未削弱理性行動的能力，反而意味著一種新型態的自由」、「本能退化開啟的是智慧之門，而非意味著智力的減退」，著實讓我當頭棒喝，難怪我們說犬貓外表或行為幼稚化，卻有一種可以「讀你」的感覺。或許動物是否有「愛」與「人性」仍眾說紛紜，但犬貓絕對有觀察與理解人類的能力，這也是我認為不該遺棄狗貓讓牠們流浪的原因。狗貓甚至有一種「超能力」，勞倫茲說道：「若有動物的陪伴就更容易獲得療癒」，現今許多動物輔助治療機構，就以治療犬、狗醫生或貓醫生等來撫慰許多老人、病人、幼童與學生等族群的心靈。

我在野生動物和寵物獸醫的領域都工作過，我認為人類很難提供大部分的野生動物或特殊寵物足夠的圈養條件和空間，許多動物並不適合人類飼養。但狗則不然，牠們在數千年的馴養適應下，需要人類的關愛與陪伴，若是缺乏了人的陪伴，狗的生命是不會完全的。勞倫茲說的好：「人和狗的情感是這個世界上最永恆的一種關係」，牠們愛人這麼深，人怎麼能遺棄牠呢？但遺棄與背叛，從古至今未曾間斷。在不同的時空背景下，人與狗的情誼也發生了一些改變。書的開頭和末幾章，作者增添了一些不同物種的章節，他身為動物行為學者，廣泛地喜愛各種動物，甚至說出「對真心熱愛自然的人來說，激發最高熱誠和敬意的，正是生物界無窮的多樣性，以及彼此間的調和」。

想一探七十年前勞倫茲與動物們的愛恨情仇嗎？《和動物說話的男人》精采程度保證不輸《甄嬛傳》，這本書除了適合愛犬貓的人閱讀外，我也想推薦給所有喜愛其他動物的人。

（本文作者為獸醫師、臺灣猛禽研究會猛禽救傷站主任）

推薦序

歡迎來到勞倫茲的趣味科學講堂

林子軒

為什麼人類會喜歡貓，甚至甘願淪為「貓奴」？以功能性來說，相較於狗兒，貓對人類幾乎不具有特別的意義。貓那股神祕的魅力究竟來自何處？康拉德・勞倫茲在書中〈貓的愛情〉一章當中寫道：

貓的心性非常微妙，至今仍維持著野生時的狀態，牠們對於那些強迫推銷愛的人並不領情。貓並不是群居動物，牠們可能感謝並樂於接納人類的照顧或「疼愛」，性格卻一點也不孩子氣。貓是不倚賴人類的野生小型豹，而且始終維持這種個性，無奈許多熱心的貓奴卻完全無法理解貓對獨立的企望。

現代人對於貓的社交生活型態，較傾向將牠們定義為「兼性社會動物」（Facultatively Social Animal），也就是說，牠們既可群居，也可獨居。貓在人類的住所不需狩獵就有食物可吃，但牠們仍保留了狩獵遊戲的行為；貓在人類的住所幾乎沒有被其他動物捕食的風險，但牠們仍保留了喜愛躲藏和爬高的行為。我常說貓是居住在人類家庭的野生動物，牠們樂於待在人類活動的範圍內，並與人類共享環境中的資源。然而，人類從未真正占有牠們，反倒是有些貓會透過氣味標記的方式，將親近的人類納入自己掌管的群體內。這樣若即若離的行為表現，充滿了曖昧與矛盾。我想，或許這就是貓的魅力來源。

在本書當中，勞倫茲以輕鬆詼諧宛如聊天的方式，來講述他對於動物行為科學的觀察和研究，並衍生出許多他個人的哲學及價值觀。透過閱讀，讓讀者彷彿跨越時空參與了傑出學者勞倫茲博士的講堂，令人如沐春風。我非常享受閱讀這本書的過程，也推薦給同樣喜愛動物的您。

（本文作者為貓行為諮詢專科醫師）

前言

無法想像沒有貓和狗的生活

今天的早餐吃了炸麵包和香腸。炸麵包和香腸使用的豬油都拜豬所賜，但一想到小豬的可愛模樣，罪惡感便油然而生。當這個念頭消失，良心糾葛才稍稍釋懷，我決定避免對豬多生聯想。

如果必須親手殺生，我可能只敢吃魚或青蛙之類的生物。這種逃避殺生道德責任的心態與做法，其實是偽善的。人類對於飼養的食用動物，多多少少抱持著矛盾的態度；以遵循傳統的農民為例，他們和動物之間的互動完全依照慣例行事，毋須背負道德責任和內心苛責，所以一切被視為理所當然。

但是，鑽研動物心靈的學者深入研究探討後發現，全然不是那麼回事。學者認為，屠宰家畜比娛樂性質的狩獵行為更來得卑劣；因為，獵人對於每個狩獵對象並非都瞭如指掌，至少不像農民和家畜一樣親密，而且被獵殺的動物通常也能察知危險。若從道德層面來看，勒緊你親手養大並對人信賴有加的鴨子脖子，比起投注萬般耐心才捕獲野雁的狩獵行為，罪孽可以說更加深重。畢竟對野雁來說，在被捕獲之前，牠不但清楚自己的危險處境，也大有機會避開獵人的追捕。

然而，相較於完全不知死期將至、突然被宰殺食用的家畜而言，人類在對待幫助人類生活的經濟動物和其他功能性動物的態度上，更顯得格外卑劣。例如馬、牛隨著時間流逝逐漸步上任人宰割的命運，光想就讓人感到悲涼；而人類屠殺小牛時的冷酷，以及流盡了最後一滴奶後再也償不起「奶債」的母牛，這些都是人和家畜共同生活的陰暗面。

只有超越個體、從全體物種考量，亦即以宏大的生物學觀點來看，人與動物的關係才可能被視為相互依存，或所謂的「共生」。

牛、馬、羊等物種的祖先無法在文明持續發展的地域生存，甚至更讓人遺憾地在許久之前已然絕跡。然而這些動物能成為豢養的家畜，就某種程度來說未嘗不是一件可喜之事。

此外，人類的罪刑可稍獲寬赦的另一理由是：人類並沒有和受俘虜動物簽訂契約，明定人類不得敵對以待。早在紀元前，連文明高度發展種族對待所擄獲動物，也較家畜輕慢；北美印第安人把擄獲的動物視為祭品，大洋洲巴布亞族人至今仍捕獵動物大快朵頤，而絲毫沒有我在早餐吃香腸時的罪惡感。

事實上，有兩種動物並非以俘虜的身分進入人類家庭。牠們不像其他動物只是人類的奴隸，而是以得天獨厚的身分成為家庭的一分子——也就是我們熟悉的貓和狗。

貓和狗有兩個共通性：牠們吃肉，且同時具有獵捕的能力。但在這兩個共通性之外，貓和狗的其他天性，尤其是和人類的互動關係卻有天壤之別。

沒有一種動物的生活方式，即感興趣的事物，能像狗一樣改變得那麼徹底；也沒有一種動物比狗更適合用「馴養」的字眼來形容。相反地，沒有一種動物像貓一樣，和人類相處達數千年之久卻毫無改變。除了波斯、暹羅等品種貓之外，有不少人認為貓根本就是野生動物而非寵物——這種說法的確有一定程度的真實性。

貓，一方面維持一貫的獨立自主，同時在人類的住屋內外落腳，可能的理由是，家屋內外的老鼠比其他地方多。狗的魅力，在於牠們的深厚情誼，以及和人類之間強烈的精神聯繫。

然而，貓的動人之處，卻是牠們和人類所保持的距離，即使是在廚房或倉庫抓老鼠時，也始終像虎或豹一樣，維持不妥協的獨立性格。就算是優雅貼近主人的腳邊，或在暖爐前心滿意足地發出呼嚕聲響時，貓帶給人們的感覺依舊神祕而遙遠。

對我來說，喉嚨發出呼嚕聲的貓，是爐邊小憩和悠然安歇的一種象徵。我無法想像家中沒有貓蜷縮在角落，就像我也無法想像沒有狗跟隨著奔跑過街道或原野的生活。

我從小開始養狗和貓，希望透過這本書，向讀者好好介紹這兩種截然不同的動物。一位務實的朋友曾勸告我把貓和狗分成兩本書撰寫，因為很多喜歡狗的人不喜歡貓，喜歡貓的人又可能討厭狗。不過我想，如果能用心細膩地看待、認識牠們各自的優點，同時撰寫這兩種動物，反而是理解貓和狗以及人類的愛的一種絕佳嘗試。

謹把這本書獻給既愛貓又愛狗，既了解貓也了解狗的人。

Chapter 1

第一次接觸

獵人聽到了前方岔道傳來的灰狼叫聲，加緊腳步跟上，他們看見灰狼踩過的零亂足跡。灰狼比人類先一步追上了母馬，並將牠逼入絕境。從那一刻開始，人類和狗的祖先形成了一起追尋獵物的默契：灰狼在前面追，獵人跟在後頭。至於灰狼的後裔——狗，擁有自主帶領人類尋找獵物足跡的能力，又不知是多少年之後的事了。

一些生物擁有敏銳的嗅覺，
以及瞭望者一般的洞察力。
人類的安全多麼需要這些技能，
可惜動物無法傳授予人，並滿足人的渴望。

——英國詩人　威廉・古柏

人類與家臣

一小群衣不蔽體的野蠻人正穿越平原中茂密的草叢，向前方邁進。他們的體形、外貌與現代人類並無差別，但在他們當中有的手握尖尖的骨叉，有的甚至配有弓箭，即使是文明開化程度最低的現代人也會認為，他們的神情和肢體動作更讓人聯想到動物。他們不像萬物之靈的人類，對世界毫無畏懼。相反地，他們的黑色瞳孔不安地來回轉動，不時左顧右盼，看起來彷彿受驚的小鹿。他們總是與灌木叢和茂盛的草原保持一定距離，因為其中經常埋伏著大型的食肉猛獸。看，就連一頭大羚羊突然從隱蔽處發出沙沙聲響奔跳而出，他們也會慌忙地舉起長矛擺出備戰姿勢。等到發現這位不速之客毫無危險性後，恐懼逐漸平復，他們開始高談闊論並開懷大笑。然而，這股歡樂的氣氛不久就消失殆盡。

這個部落有充分的理由意志消沉，為什麼呢？上個月，一支實力更強大、人數更多的部落逼迫他們放棄原有的獵場，於是他們不得不向陌生的西部平原遷徙，那裡常有大型猛獸出沒。部落的前首領是一位睿智的老獵人，卻於數個星期前不幸身亡。

不幸的事件發生在一天夜裡，一隻劍齒虎企圖偷襲部落裡的女孩，老首領在援救女孩時受了傷，於是全族的男性高舉長矛奮起迎敵。遺憾的是，女孩仍當場身亡，負傷過重的老首領也於翌日氣絕；悲劇的肇事元凶劍齒虎則因腹部受傷一週後罹患腹膜炎而死去，這可能是這支小部落最後得到的唯一安慰。此後，部落只剩五名成年男子支撐大局，剩下的都是婦孺，而光憑五個人的力量絕對沒有能力擊退大型猛獸的攻擊。不過希望仍在，新首領雖不像老首領經驗豐富、驍勇善戰，他的目光卻更明亮，額頭飽滿高聳。

由於人手不足，部落中輪班守夜的成員明顯睡眠不足，看起來也要撐不住了。在昔日的地盤上，無須守夜的他們經常圍著篝火入眠。然而直到此時，族人們還沒意識到他們的守夜衛士——灰狼正緊跟在後。灰狼沿著部落行進的足跡，搜尋被獵殺動物的屍體殘骸，並在夜裡繞著人類的營地圍成一圈。不過，人類與令他們厭煩的跟隨者之間毫無友誼可言。一旦灰狼膽敢靠近火堆，人類不是投擲重物，就是射箭驅趕，儘管人類極少在這群引不起食慾的傢伙身上浪費弓箭。

即使在今天，許多人仍視狗為不潔的動物，這都是拜牠們聲名狼藉的祖先所賜。事實上，灰狼在一定程度上對人類是有幫助的：牠們的存在使人類得以省去值夜班的力氣，因為猛獸一旦靠近，牠們便發出警戒的嗥叫聲，讓遠方的人類發現侵略者已經現身。

無奈原始人類粗率且思慮不周，並沒有意識到這群四條腿跟屁蟲的用處。當灰狼不再跟隨他們的時候，營地周圍的一片死寂常令人感到一股窒息的不安，甚至連無須負起守夜工作的人們也不敢閉眼休息。部落中可擔當守衛的強壯男子太少了，而且他們個個精疲力竭，警覺性也大幅降低。於是一群疲倦不堪、緊張萬分且鬱鬱寡歡的人們，在前進的路上一有風吹草動，就立刻繃起神經全副武裝，即使在警報證實有誤的時候，他們也很少像當初那樣爆出開懷的笑聲。每當夜幕低垂，恐懼就沉重地壓在每個人的心頭。這種恐懼在過去的歲月中深植人類的腦海，直至今日，黑夜的幽暗依舊令孩童害怕，對成人來說則是一種邪惡的象徵。打從遠古開始，食肉猛獸在黑夜出沒捕食，關於黑夜的記憶隨著血脈代代傳遞。因此在我們的祖先眼中，黑夜所承載的即是無限的恐懼。

所以每當黑夜來臨，人們便保持緊密隊形沉默前行，尋覓遠離草叢的安全處所。找到歇腳處之後，他們緩慢而疲憊地升起篝火，開始燒烤並分食當天共同捕獲的獵物。這天的晚餐是劍齒虎吃剩的野豬肉，這還是人類奮力趕走一群非洲野犬後的珍貴所得。在現代人眼中引不起絲毫食慾的殘骸缺骨，卻令部落眾人垂涎不已，首領不得不親自看管帶骨的肉塊，防止其他人禁不起誘惑偷吃。

突然間，所有人全部停下手邊的動作，不約而同回頭望向來時路，像一群受驚的小鹿般，全神貫注在同一方向。原來，他們聽到了動物的嗥叫聲；奇妙的是，和大多數猛獸讓人心驚膽戰的叫聲不同，這道聲音並不帶任何威脅性。一般來說只有掠食性動物才會喊叫，被獵殺的動物長久以來已經學會了沉默。對於這些流浪者來說，這道聲音更像是從「家」傳出的信號，意味著過去那段幸福安逸的時光——這是灰狼的叫聲。部落眾人興奮地像個孩子，連忙循聲而返，他們帶著莫名的感動，滿懷期待地站著等待。此時，額頭豐滿的年輕首領做出了令族人費解的舉動：他從獵物的骨架上割下一塊仍黏附著肉的獸皮，扔在地上。幾個年輕族人還以為要分發食物而走上前試圖撿拾，只見首領皺起眉頭低聲喝斥了他們。首領扛起剩餘的食物，命令族人繼續向前趕路。才走沒幾步，族裡的第二號人物為了被扔掉的肉和首領起了爭執。他的智慧不高，但體格遠比首領強壯，首領十分憤怒，嚴厲喝斥他後繼續趕路。誰知只走了十公尺遠，又有一名男子折返回去撿那塊肉。首領追了上去，男子剛要將散著臭味的肉塊放進嘴裡，首領就用肩膀將他撞退了幾步，兩人都蹙緊額頭，臉龐因憤怒而扭曲。兩人對峙數秒之後，最後男子因承受不住首領的嚴峻目光，低頭嘟囔了幾聲，再次歸隊尾隨其他族人繼續前進。

這群人當中，沒有人意識到自己方才正親眼目睹了一個劃時代的偉大功績，這個無比聰明的舉動在歷史上的意義遠大於木馬屠城，甚至大於火藥的發明。就連額頭豐滿的首領可能也沒有察覺到，自己這麼做是希望灰狼再接近部落一些。他只是憑直覺行事，既然部落是逆風而行，那麼肉的香味應能隨風飄向嗥叫的灰狼鼻中。多麼明智的判斷啊！

部落繼續前行，卻仍然未能找到一個安全的紮營處。走了百公尺後，首領又重複了一次剛剛的奇妙行徑，並因此再度引起了族人的不滿。等到首領第三次扔下肉之後，族人更好似要暴動的叛軍，首領只能靠大聲怒斥才讓眾人安靜下來。所幸在穿過重重灌木叢後，映入眼簾的是一片開闊的平原，族人這才稍微放鬆緊繃的情緒。眾人圍在篝火旁，有些人仍抱怨著首領的行為，但隨著飽餐饜足後就逐漸沉默，總算度過了一個安穩的夜晚。

風勢逐漸減弱，在寂靜的夜晚中，這群原始人的靈敏聽覺甚至可以聽到極遠處的聲響。此時，首領低聲示意眾人保持安靜並提高警覺。族人靜默如雕像，遠處又一次響起了比之前還高亢的動物叫聲。從聲音可以判斷出，灰狼群已經發現了首領留下的第一塊肉，其中兩隻灰狼還因爭搶戰利品而打了起來。首領內心竊喜，並暗示族人按兵不動。再過一會兒，咆哮和撕咬的聲音更清楚了，這群人聚精會神地聽著。第二次回頭撿肉的男子猛地轉過頭，以奇異的目光凝視首領，只見首領正面帶微笑地聽著灰狼的打鬥聲。此刻，男子終於明白了首領的用意，撿起幾根啃得乾乾淨淨的獸骨走近首領，咧起嘴笑了。然後他用手肘輕輕推了推首領，開始模仿灰狼的狂嗥，一面朝來時的方向走去，彎腰將骨頭放在離營地不遠處，隨即起身看向正饒富興味地盯著他的首領。兩人相視片刻，然後放聲大笑，就像孩童沉浸在一場成功的惡作劇中一樣，洋洋自得。

天色已暗，篝火燒得正旺，首領又一次給出了保持安靜的指示。這一次甚至可以聽見灰狼啃咬骨頭的聲音，在赤紅色的火光中，隱約可見正沉浸在口腹之欲的灰狼。灰狼的首領微微抬頭，警覺地瞥了人類一眼，眼見人類沒有動靜，才放心地繼續埋首美食，眾人則默默地注視著灰狼津津有味的吃相。一場劃時代之舉就此底定：人類第一次主動豢養了有益人類的動物！在漫長的歲月之後，人類總算能再度安心入眠。

時光飛逝，世紀更替，灰狼逐漸被馴服，甚至成群地聚集在人類營地周圍。人類開始捕獵野生的馬和鹿作為食物，而灰狼也改變了牠們的生活習性：往日，灰狼晝伏夜出；而現在，一些強壯機靈的灰狼甚至可以在白天跟隨人類狩獵。因此有了這樣的插曲：人類發現了一隻受傷的懷孕野馬的蹤跡，他們非常興奮，因為部落已經斷糧一段時日了。灰狼也比平時更急切地跟隨人類，因為牠們在這段期間也幾乎沒有捕獲任何戰利品。母馬由於失血過多體力不支，再也跑不動了，但這種馬懂得布下障眼法，於是牠留下了一道虛假的足跡：牠在一條路上來回奔跑一段距離後，便轉身躍進拐彎處的灌木叢中。這種詭計經常能使受傷的動物倖免於難，這次似乎也不例外，獵人們停駐在足跡消失的地方，困惑不已。

灰狼與獵人保持一定的安全距離，因為牠們仍不敢太靠近這群喧嘩的人類。牠們追蹤的不是野馬的足跡，而是人類的腳印，這並不難理解，因為牠們不想單獨追趕那些體形比自己來得龐大的獵物。這些灰狼偶爾會獲得人類的犒賞，得以品嚐大型動物的殘羹美味，對牠們來說，這些氣味逐漸變得別具意義，牠們一看到血跡就想到即將到手的食物。這天，灰狼格外飢餓，鮮血的味道強烈地刺激了牠們的嗅覺，接下來發生的事開創了人類和其「家臣」之間的一種嶄新關係：一隻可能是這群灰狼的首領，上了年紀、有著灰色鼻子的母狼，牠發現了被獵人忽視的帶血的岔道。於是，灰狼紛紛轉向，沿著血跡和足跡追蹤，獵人此時也意識到自己被獵物布下的障眼法所蒙蔽，也隨著灰狼轉向。隨後，獵人聽到了前方岔道傳來的灰狼叫聲，加緊腳步跟上，他們看見灰狼踩過的凌亂足跡，灰狼比人類先一步追上了母馬，並將牠逼入絕境。從那一刻開始，人類和狗的祖先形成了一起追尋獵物的默契：灰狼在前面追，獵人跟在後頭。

當大型野生動物被灰狼逼入絕境時，一個特定的心理機制起著至關重要的作用：從人類手下僥倖逃脫的鹿、熊和野豬，遇到追來的灰狼會毫不猶豫地抵禦；然而面對這些較小侵略者的憤怒，卻常使牠們忘了身後更危險的敵人。同樣地，這隻疲憊的母馬也把灰狼當成一群懦弱的笨蛋，哪隻灰狼膽敢靠近，牠就立刻用前蹄發起猛烈的進攻。沒過一會兒，母馬就累得氣喘吁吁在原地打轉，放棄了逃跑的念頭。與此同時，聽到灰狼叫聲的獵人們早已集中到戰鬥現場。在首領的命令下，眾人悄悄包圍獵物。灰狼見狀本要散去，但察覺獵人不動聲色，於是改留在原地。

此刻，灰狼的首領已毫無恐懼，對著母馬狂吠；當母馬被獵人的長矛刺中砰然倒地時，灰狼一個箭步上前緊咬母馬的喉嚨，直到獵人首領靠近時才稍稍後退了幾步。這位獵人首領，說不定就是那最先餵肉給灰狼的首領的後代。

獵人首領割開仍在抽搐的母馬腹部，扯下一部分腸子，直接扔到了灰狼身旁。這隻灰鼻子母狼起初往後退了幾步，發現人類並無惡意，還發出了灰狼在人類篝火堆旁常聽到的輕柔聲音。於是母狼奔上前，用尖牙叼起戰利品，一邊咀嚼準備撤離時，牠偷偷瞅了一眼這名男子，開始輕輕地來回擺動尾巴。這是灰狼第一次對人類搖尾巴，人類和狗之間的友誼因此又往前躍進了一步。即使聰明如犬科動物，也不可能透過一次的突發經驗而習得新的行為模式。除非同樣的情況反復出現，牠們才能經由聯想建立一種新的行為模式。同樣地，這隻母狼也在數個月後才再次充當獵人的嚮導，至於牠的後裔——狗，能經常自主帶領人類尋找獵物的足跡，不知又是多少年之後的事了。

家狗和家貓的誕生

據說在新石器時代之後，人類才開始定居生活。就我們所知，人類最初將房子建在湖泊、河流，甚至波羅的海淺灘處，為了安全起見，這些房子都搭在柱子的上方。當時，狗已經成為家養的動物。考古人員曾在波羅的海沿岸的柱式房屋附近首次發現類似小型狐狸狗的頭骨，經證實該骸骨具有灰狼血統，同時也有明顯被馴養的痕跡。

不能忽略的是，儘管那時灰狼的分布比今日更為廣泛，但波羅的海沿岸卻不見灰狼的蹤影。從各種證據分析來看，那些已馴養的狗或半馴養的灰狼都是朝北方或西方遷徙的人類所帶來的。當人類開始在水上搭建木屋並發明了獨木舟時（這兩種發明無疑意味著文明的進步），人類與他的四條腿追隨者的關係也必然發生改變。

由於房屋建在水上，灰狼再也無法聚集在人類的營地四周，也無法保衛人類的家園。我們可以合理地假設，當人類最初從野營移居湖面時，應該會從半馴養的灰狼中挑選較馴服、擅長狩獵的飼養，從而使牠們成為真正意義上的家狗。即使在今天，不同民族的養狗方式也各不相同。其中最原始的做法就是讓狗群聚於人的住所周圍，但狗和人則保持一種不那麼緊密的關係。我在歐洲的鄉間發現了一種特殊的養狗方式：幾隻狗同時屬於特定幾個家庭，而且沒有特定的主人。這種關係很可能是隨著湖上柱式房屋的發展演變而成。少數能適應湖上生活的狗，自然會進行近親交配，於是家狗的特質就代代傳了下來。這個假設可經由以下兩個案例得到證實：第一，臉鼻短、頭骨圓而凸起的古代狗是灰狼被馴養後的產物；其次，這種古代狗的遺骨多從湖上住家的遺址處掘獲。

湖上住家飼養的狗，一定要完全馴服後才能進入獨木舟，或在水與棧橋的中間地帶游泳。至於半馴養的流浪狗無論如何也無法做到這點，即使是我家的幼犬，也需要耐心地誘哄，才願意和我一起乘船、電車和火車。

當人類開始在湖上搭建房屋時，狗可能已經被馴養了；另一種可能就是狗在搭建房屋的過程中被馴養了。可以想像，那個時候的女人和小女孩曾把一隻無父無母的小狗帶回家中飼養（也許這隻小狗就是劍齒虎嘴下唯一的倖存者），小女孩適逢需玩偶為伴的年紀，相當疼愛這隻輕聲哀號的小傢伙，當時的人類不像現代人那麼敏感，沒有人會因為小狗的哭鬧聲而討厭牠。

我們的腦海中可以生動地描繪出以下畫面：當男人出門狩獵、女人忙於捕魚時，湖上人家的小女孩被小狗的嗚咽聲吸引，循聲在洞穴中找到了牠。小傢伙毫無畏懼、步履踉蹌地朝小女孩走去，然後伸出舌頭舔著小女孩伸過來的手。這團柔軟胖乎乎的小東西，無疑勾起了新石器時代小女孩的愛憐，讓她禁不住想抱著牠，讓牠永遠陪在自己身邊，一如我們這個時代的任何女孩一樣。引起這種行為的母性本能由來已久：小女孩模仿女人的動作餵食小狗，看到小狗大快朵頤時的喜悅，絕不亞於現代人在精心準備餐宴後獲得來客讚賞時的喜悅。然而，小女孩的父母回家後驚見這隻沉沉睡去的柔軟小傢伙，父親隨即打算淹死小狗，但小女孩不斷哭泣，緊抱著父親的膝部苦苦哀求，父親寸步難行只好先將小狗放下，當他想再次抱起小狗時，小狗早已一溜煙地跳進小女孩的懷抱，小女孩則滿含淚水地站在屋角。新石器時代的父親自然也非鐵石心腸，小狗終於獲准留在家裡。沒過多久，糧食充足的牠長成了一隻又大又壯的家狗，而牠對小女孩的情感已然發生了轉變。儘管身為部落首領的父親很少關注這隻狗，但狗的忠誠對象逐漸從孩子轉向了父親。

事實上，即使是野生的狗此時也該脫離母親庇護的階段了。儘管小女孩在小狗的生命中始終扮演著母親的角色，但現在她的父親卻成為大狗堅定不移的效忠對象。起初，父親覺得狗的依戀很煩人，但他很快發現這隻馴養的狗遠比徘徊住家岸邊的半野生灰狼有用多了。狩獵時，灰狼對人類仍存有畏懼，而且總在抓捕受困獵物時臨陣脫逃；相反地，馴養的狗比那些野生的同類勇敢得多。牠們長期生活在人類的住屋中，生活有所保障，也沒有被大型野獸襲擊的痛苦經驗，因此少了祖先們的畏懼。所以狗很快成為了一家之主的親密夥伴，但這讓小女孩很寂寞，因為唯有父親在家（新石器時代的父親也是經常不在家的），她才有機會看到之前的夥伴。直到動物交配的春季，一天晚上，父親拿著一只皮袋回家，袋裡好像有什麼在掙扎並發出微弱的聲音。父親一打開袋子，小女孩就興奮地跳了起來，原來是四隻毛茸茸的小狗，只見母親一臉嚴肅地說：「兩隻就夠了啊……」

前述的故事真的發生過嗎？儘管我們都不曾生活在那個年代，但根據我們所了解的事實，當時很可能曾發生過這樣的事。同時我們也必須承認，目前仍無法確定是否只有灰狼才曾以前述的方式獲人類馴養。在地球上的其他地區，極可能仍有許多體型更大的品種被馴養後雜交繁殖，就像許多家畜常起源於多種野生祖先一樣。支持該理論的一個強而有力的論據是：亞洲野狗沒有與亞洲灰狼雜交的傾向。一位研究者曾友好地提醒我注意一個事實：東方有許多雜交繁殖的狗和灰狼，牠們之間卻從來不曾交配。

可以確定的是，北方狼不是我們眾多家狗的祖先，這點已獲研究證實。只有少數犬種具有狼的血統，牠們的特殊性也證明了牠們只是例外，例如身體構造上與狼相似的犬種：愛斯基摩犬（Eskimo Dogs）、撒摩耶犬（Samoyeds）、俄羅斯萊卡犬（Russian Laikas）、鬆獅犬（Chowchows）等，牠們全都來自極北，但都不具有純粹的狼族血統。我們可以在一定程度上假設，人類在不斷朝北遷徙的過程中，帶著一些已被馴養且有灰狼血統的狗，這些狗和帶有狼血統的動物反復交配後，才出現了前述的品種。關於帶有狼血統的狗的心理特質與習性，本書還會有更詳細地闡述。

相較於狗，貓則是直到更近代才終於成為家中被馴養的動物，而且牠們也僅限於馴養。

所謂更近代，是和狗比較的相對說法。學者認為，狗的歷史可追溯到四至六萬年前。人類最初飼養灰狼是在五萬年前，而根據我的推算，湖上人家初次飼養狗，大概是在兩萬兩千年前左右。

相較之下，貓和人的結伴關係就彷彿從昨天才開始一般。在人類馴養狗之後的數千年間，建造岐奧普斯金字塔*的人類已經擁有高度文明，住在石砌的房子並從事耕作，牛、羊、馬都已成為家畜，牛還負責拉犁……生活方式和近代人並無太大差異。貓與人類的接觸，很可能就是在最早擁有廣闊農地的埃及。

根據《聖經》記載，當時的埃及已經出現大型穀倉，而凡是有大型穀倉的地方就必定能看到鼠輩。雖然《舊約聖經》上提及的埃及七大禍患並不包括鼠患，其實是因為當時人們對老鼠已司空見慣，即使鼠輩日益猖獗也不會大驚小怪。

---

* 譯注：Cheops, B.C. 2571~08，埃及第四王朝第二位帝王的陵墓，為基沙現存最大的金字塔。

從古埃及人在壁畫上描繪的豐富動物圖像，不難發現古埃及人是傑出的大自然觀察者，他們非常清楚，當地的一種小型肉食動物貓鼬（Mongoose）是老鼠的大敵，埃及人又稱「法老之鼠」，古歷史學家希羅多德將牠們描述成神聖的動物，在埃及中期王朝的古墓中就曾發現貓的木乃伊。

由非洲或中東敘利亞住民馴養的非洲山貓（Felis ocreata），曾被視為家貓（F. S. Catus）的野生祖先，目前發現來自中東沙漠的野貓（F. S. Libyca）才是家貓的祖先，所以非洲山貓應屬於這種野貓的一支。

追溯家貓的歷史可以發現，在古埃及時代，貓並非崇拜的對象，而是用來象徵神聖母獅以獻祭給半身女神。不管母獅如何溫馴，但改用體型更小、個性更順從的貓替代並參與儀式，也絕不能因此責怪祭祀女神的祭司。說不定在遠古進行某場儀式時，母獅曾大張獅口吃掉了主祭者，造成祭司們因而對獅子敬而遠之。

話說回來，我相當能理解以貓作為萬獸之王——獅子的縮小版象徵。貓的魅力——就以我家的貓為例，牠的野性美和優雅絕不遜色於豹、美洲虎和老虎。任何接觸過非洲野貓的人大概都會同意，馴養這種貓不需花太大力氣。換句話說，這種動物是天生的寵物（然而許多非洲動物學家卻認為牠們的性情非常粗暴），即使已經成年，飼主也無須大費周章就能馴服牠們，獸籠對這些動物來說是無用且過於殘酷的事物。相反地，成年後的野貓（Felis silvestris）根本不可能被真正馴養，即使被誘捕也依舊保持野性。因此在我熟悉的眾多動物當中，我唯獨無法想像十足野生且怕生的非洲野貓，以及真正獲馴服的野貓會是什麼樣子。

傑出的古埃及人深知立法的重要，甚至曾立法保護貓。根據史料記載，殺害一隻受法令保護的動物會被判處死刑。所以無可避免地，歷經世代更迭，聖貓對人類變得毫無畏懼，行為舉止甚至就像印度聖牛（瘤牛）一樣目中無人。倘若印度的瘤牛能不留情地攻擊路旁攤販，冷眼睥睨無可奈何的人類，同時將蔬果大快朵頤飽餐一頓；那麼比牠們更聰明的聖貓，仗勢特權在熱鬧的埃及盛宴上大肆撒野時，那敏捷程度更讓人難以想像。

即使到了現在，一般的貓也不太理會牠們的主人，所以可想而知當時的貓有多麼妄自尊大。不過實際上，當飼主做出忍讓或親暱的動作時，這些貓老大的自尊心也會隨之被撩撥。貓的馴養之所以很慢才顯現出來，和牠們的自主獨立有密切關係。貓被視為寺廟的神聖動物大約始於埃及第五王朝或第六王朝時期（B.C. 2500~2100），但直到貓在第十二或第十三王朝被製成木乃伊之後，部分被馴養的微小特徵如耳形或體色的變化（當時黑、白、三花和虎斑尚未出現，但顏色已頗為多樣）才漸漸顯現出來。

另一方面，狗的馴養的典型特徵卻早於數萬年前出現，包括圓形化的頭頂和短小化的鼻部，而貓的頭蓋卻是在第十二或十三王朝之後才開始出現這樣的特徵。直到現在，如果沒有特別研究，幾乎看不出貓在肉體和精神上的改變，例如中歐有一種不算罕見的貓，身上有老虎般的條紋，而這種體瘦腳長毛短的貓卻和野生貓（可能只住在阿拉伯一帶的非洲野貓）非常相像。

在埃及，貓雖然已是分布廣泛的動物，卻經過相當漫長的時間才進入其他國家。許多古代的歐洲作家並不知道貓是什麼，直到西元一世紀時，古希臘作家普盧塔克才在著作中提到歐洲有貓。奇怪的是，普盧塔克同時也提到了專為捕鼠而飼養的雪貂或鼬科動物，顯見當時這些動物還沒被容易飼養的家貓所取代。

歷經相當長的歲月，貓才開始在歐洲廣泛分布。古威爾斯的法律甚至針對每隻貓的價格，以及購買者所擁有的權利訂定相關條文。十一世紀初期，置貓於死地的人必須以綿羊、小羊或小麥（分量必須足以覆蓋死去的貓全身）作為賠償。所以求償者總是盡可能拉長貓的屍體，讓觸法的人賠償更多小麥。

八世紀時，德國還未出現貓，至少《薩利克法》*中完全沒有貓的相關記載。即使到了十四世紀，貓在德國似乎還是非常珍貴的動物，在一些商業契約中甚至明載，貓是農地買賣時應一起讓渡的動產之一。

也就是說，為明確目的而飼養、裝載再分送的動物或一般家畜，其分布速度會比貓快上許多。即使到了現代，貓的運送依舊不是那麼容易，尤其是具備獨立狩獵天性的貓更是如此。

令人驚訝的是，即使被送往遙遠的處所，貓也未必願意停留在新家，因為牠們總能憑藉優異的方向感回到原本的棲所。與其變換新的棲所，牠們或許寧願選擇獨

＊ 譯注：The Salic Law，起源於居住在萊茵河附近的薩利克部族人通行的習慣法。

立的野生生活。因此我判斷，貓可能不是因為商人四處買賣而被動分布各地，而是牠們挨家挨村慢慢移動。才逐漸廣布於整個歐洲大陸。

Chapter 2

忠誠的基因

狗對主人的依賴，有兩種完全不同的起源：第一種源於野生小狗與母親之間終生維繫的情感；第二種來自於野生狗群對首領的忠誠，或是源於群體成員間的彼此依賴。相較於灰狼的順從特質，狼狗對主人的態度更像夥伴，牠們對主人的忠誠更接近於人類間的狀態。

養過狗的人都知道，狗的性格大相逕庭，即使是同胎出生的狗，也無法像雙胞胎的人類那樣相似。人類雖是最複雜的動物，但仍可能經由個體的比較，在一定程度上解釋具有不同性格特質的原因。

比起人類，狗的個性相對簡單，通過研究某一特質的發展及其對個體的影響，很容易解釋其形成不同性格傾向的原因。研究狗在某種性格上的特質，並綜合不同狗之間的特性，十分有利於解釋狗的差異。而透過研究這種較簡單生物，可以衍生出對最神祕複雜的生物——人的分析方法。從這點來看，若能貫徹對狗的性格分析，必然對比較心理學有所助益。

當然，本書的目的並不在於探討和家狗相關的科學性格學，而是試圖闡述幾種先天上傾向的相互作用，如何造就狗在性格上明顯的基本差異。而狗的這些特性，比起其他因素更決定了牠和飼主關係的初始狀態，因此也引起許多愛護動物者、研究者的興趣。

依賴的起源

狗對主人的依賴來自兩種完全不同的起源：第一種源於野生小狗與母親之間終生維繫的情感，例如家狗終生都會保持幼時的特性；第二種則源於野生狗對狗群和首領的忠誠，或是源於群體成員間的依存。而後者對於擁有狼血統的犬種影響更深，因為群居生活在狼的生命中占據著一定的重要性。

如果人們將一隻未經馴養的幼狼帶回家，並像家狗一樣飼養，那麼人們完全可以相信，這隻野生動物幼時對人的依賴，會和家狗對主人終生不變的情感一樣。這種幼狼比較羞怯，偏愛陰暗的角落，十分抗拒獨自穿過遼闊的原野。牠對陌生人極不信任，如果陌生人試圖撫摸牠，可能會被毫無預警地咬傷。幼狼天生具有「因恐懼而咬人」的習性，但對於主人，牠就像幼犬一樣，充滿著深情和依賴。通常情況下，母狼會對公狼首領唯命是從。有經驗的訓練者若想永久得到母狼的愛情，則必須在牠幼時依賴性尚未消失前，便取得首領的地位。

維也納的警察單位曾以這個方式，成功馴養了一隻母狼——「波爾蒂」，這是一個很有名的例子；但若想用這套方法馴養公狼，訓練者必然會大失所望，因為公狼一旦長大就會完全獨立，不再服從主人。儘管牠不會對主人心存惡意，仍視主人為朋友，但絕不再盲目服從主人。牠甚至試圖征服主人，從而獲得首領的地位。有時為了取得領導地位，公狼利齒的巨大威力甚至會使過程充滿血腥。

在我養過的一隻澳洲野犬（Dingo）身上也發生過同樣的事。牠出生五天後，我就收養了牠，並讓我的母狗哺乳這個小傢伙。在訓練牠的過程中，我花費了很長時間，也遇到了許多麻煩。雖然牠並未攻擊或試圖征服我，但最初的服從在牠長大之後卻莫名地消失了。牠還小的時候，行為和大多數狗一樣，犯錯受罰時，會以一副順從或懇求的姿態安撫生氣的主人，並表達內心的愧疚，直到得到主人的原諒。然而，牠的行為在一歲至一歲半左右時卻完全改變了。雖然牠還是不會抗拒主人的處罰，但處罰一結束，牠就會搖晃身體，親密地朝我擺擺尾巴，然後跑開，邀請我去追趕牠。換句話說，處罰已經不會影響牠繼續作惡的態度，即使受到懲罰，牠仍三番兩次試圖謀殺我的寶貝鴨子。而到了一定年齡，牠也失去了陪我散步的興趣，對於我的呼喚也置之不理，反而是一心想跑開。不過我仍必須強調牠依然對我極其友好，無論我們何時偶遇，牠都會以犬科動物的熱情禮儀問候我。只是，我們絕不能指望野生動物懂得對人類另眼相待，這個問題將留待探討貓與人類的關係時再述及。我的澳洲野犬心中一定對我存有最溫暖的情感，這種溫情也是成熟的動物能從其他動物身上感受到的，但是這種感情卻無涉於順從及尊重。

就像野生幼犬通常會服從於同種的年長動物一樣，家養馴化程度較深的狗，例如擁有灰狼血統的狗也會終生依賴主人。但這並不是家狗終生保留的唯一幼時特性，例如小型狐狸狗有的短毛、捲尾、吊耳、鼻孔縮短和頭骨圓而凸出等特徵，而這是野狗在幼時才有的特徵。

如同大部分的性格特質，孩子氣因其程度多寡而各有利弊。缺少孩子氣的狗或許在研究者眼中饒富興味，牠們的飼主卻並不樂見，因為牠們即是永遠的「流浪者」，偶爾才會現身在飼主的屋裡，牠們不認「主人」，也不會尊重飼主。由於缺少典型犬科動物的順從，牠們長大後可能會變得具危險性，對人就如同對其他狗一樣，窮追猛咬也毫無感覺。儘管我批評這種狗的「流浪者」性格，但我必須補充一點，孩子氣的依賴性若趨於病態，也極可能造成和完全缺失孩子氣一樣的後果。

對於大多數馴養的狗來說，保持一定程度的幼時依賴性是牠們忠誠的開始，但過分沉溺其中則會導致截然相反的結果。進一步來看，這樣的狗對主人雖有深厚的感情，但是牠們對其他人也會產生一樣的感情。在《所羅門王的指環》中，我曾將這種狗與被寵壞的孩子做比較，後者不論見到任何人都會親切地喊「叔叔、阿姨」問好，對陌生人都有著一視同仁的親密感；一如過度孩子氣的狗並非不知道誰是牠的主人，相反地，牠經常欣喜地迎接主人，並對主人表達至高無上的愛情，然而在下一秒鐘，牠很可能就從主人身邊跑開，欣喜地迎接另一個人。

研究證實，這種不加選擇的親密是過度孩子氣的結果：牠們始終過於頑皮，即使長到一歲以後，其他狗的性格都已趨於成熟穩定，牠們還在咬主人的鞋或拉扯窗簾；其他的狗在數個月後都已擁有了健全的自信，而這群長不大的孩子仍然保持奴性的順從，儘管遇到陌生人時會尚稱盡職地吠叫，一旦被嚴厲喝斥，卻會諂媚地跑上前或仰身躺下，此時任何牽著狗繩另一端的人，都會被視作威嚴的主人。

真正忠誠的狗的理想性格介於過分依賴和完全獨立之間，事實上這種狗並不如想像得多，而且肯定比一般養狗者的天真想像少上許多。

狗必須保有適度的童心才會依戀並對主人忠誠，但如果超過一定程度，牠們對所有人會出現一致的順從。因此，能夠真正保護主人避免他人危害的狗為數甚少。這不是因為過度孩子氣的狗不知防禦他人的攻擊，而是因為在牠們眼中任何人都是要敬愛的對象，所以完全沒想到攻擊。

我的小法國鬥牛犬（French Bulldog）只要看見別人（即使是家中的其他成員）對我伸手都會憤怒地吠叫，一面朝那人逼近，然後狠狠地咬住和搖晃冒犯者的裙角或褲腳（牠總是小心避免咬到人的皮肉）。

我的德國牧羊犬（Alsatian）媞托甚至連和我辯論的人也咬，即使是來院子搖尾乞食的流浪狗也領教過媞托的凶悍，但牠從來沒有真正傷害過任何人。不過牠的孫女斯塔茜更是凶猛無比。在一次戰鬥中，斯塔茜跳到媞托的背上狠狠壓制牠長達十五分鐘，不過並沒有咬傷牠。我不知道如果有人真的攻擊我，這兩隻母狗會有何反應，但牠們遠比法國鬥牛犬更加敏銳，從未被虛假的攻擊激怒過，頂多忿忿地瞪我一眼，然後走開。因此，我傾向認為牠們也同樣能識別真正的攻擊，並視情況採取行動。

那些血液中多少帶有狼血統的犬種，與那些可能出身於中歐且流有灰狼血統的犬種，在忠誠度上極不相同。當然，我有充分的理由相信，當人類開始定居北極圈並與北極狼接觸時，早已有了灰狼的陪伴。狼和北歐人飼養的灰狼交配，顯然是更之後的事了，而且肯定遠比第一批家養的灰狼出現來得晚。

由於狼身強體壯且耐力十足，所以人類常希望狗的基因中能多幾分狼的血統。但其交配後誕生的物種，對那些想馴服小狼的極北居民來說，可能是一個不小的麻煩。狼近親雜交的直接結果就是：擁有狼血統的狗在幼時對家養的依賴性，沒有中歐血統來得明顯，這種依賴性被源於狼的特殊習性所取代。後者在寒冬時節為了覓食求生的唯一手段，就是和夥伴合力捕獵大型動物。為了滿足族群對食物的大量需求，狼群不得不擴大狩獵範圍，在遇到大型獵物時，群體成員間必須互相支持。嚴格的社會組織、對首領的完全忠誠，是這個物種通過艱苦生存環境考驗的必要條件。

狼的屬性，無疑清楚地解釋了家狗與狼狗的顯著差異，對狗知之甚詳的人類自然了解這樣的差異且全盤接受。前者視牠們的主人為家長；後者則視主人為部落的首領，以致牠們對主人也出現不同的行為模式。

相比於家狗的順從特質，狼狗對主人擁有一定的自尊與不服從，對於主人的忠誠更接近於「人類與人類」之間的狀態。然而，狼狗不像家狗有戀父情結，牠們不會先將主人看成父親，之後又視為上帝。牠對待主人，更像是夥伴，儘管牠與主人之間更為親密的關係很難輕易轉移給另一個人。不過，年輕狼狗對人的依賴性會發生特別的變化，就像孩子對父親般的依賴，之後逐漸過渡成部落成員對首領的依賴。即使是在沒有同種狼狗陪伴環境中長大的年幼狼狗，或是「父母」和「群體領袖」為同一人時，都會發生前述的現象。這種現象很近似青春期少年，試圖遠離家中所有傳統迎向新思想的行為。在這段情感最易受影響的時期，或許很適合父母親從年輕人所服膺的「偶像」，來觀察自己孩子的行為。*

* 編注：勞倫茲在完成本書後，重新修正了本章關於狗的祖先的論點。

Chapter 3

犬科動物的個性

接下來發生的一切讓我終生難忘：斯塔茜在瘋狂朝我衝來的過程中停了下來，這段時間遭受的精神折磨徹底改變了牠的性格，使這隻最溫馴的動物在數個月內徹底忘記了禮儀和規矩。只見牠鼻孔朝天，貪婪地消化著隨風飄來的氣味，發出了一聲令人毛骨悚然卻異常淒美的嗥叫聲，數個月的苦悶壓抑終於獲得了釋放。

前章提到的性格特質，究竟會如何影響每隻狗的個性？我在本章會舉出幾個具體案例來探討，同時針對以下兩種個性迥異的狗做更廣泛的討論：狗這種孩子氣的依賴心是否會完全保留？抑或是隨著對首領付出忠誠而逐步消失？

首先舉的例子是一隻乍看之下就讓人覺得天真爛漫、孩子氣十足的狗——名叫克洛基的臘腸狗（Dachshund）。克洛基是一位和我關係很好的親戚送給我的，那位親戚對動物一無所知，而我當時雖然年輕，卻已是頗為活躍的動物學者。

我之所以叫牠克洛基，是因為親戚原本送來的是一隻鱷魚（Crocodile，英文發音接近克洛基），但因我的飼養籠沒有適當的保溫設備，這隻鱷魚竟因此拒絕進食。於是我去了寵物店，在那裡遇見了克洛基，就是剛提到的臘腸狗。臘腸狗看起來有如貴族，長長的身體配上短短的腿，外型還真狀似鱷魚，而一雙下垂的耳朵就像「臘腸」一樣拖在地面。克洛基初次見到我時就十分親暱，熱烈地彷彿在迎接久違的主人。當然，在我發現克洛基對所有人都展露了同樣的態度之前，我完全被牠捧得心花怒放。

人類的過分寵愛讓牠著迷，所以牠對所有人都很友好，也從不對人吠叫。即使牠可能更喜歡我和我的家人，但當我們偶爾不在家時，牠也很容易跟著陌生人走。這種情況在牠長大後也沒有改善，我們得經常從不同的人家裡把牠抱回來。最後，我一位十分喜愛牠的表姊，把牠帶回了格林津（奧地利古鎮）的家中。在維也納的熱鬧郊區，克洛基依然過著我行我素的生活。牠待過許多家庭，時間有長有短；有時也被拐走，然後賣給一些不知情的人，而那些人甚至對牠的「忠誠」深深著迷。我想，不時將牠從飼主身旁偷走、販賣的人，很可能是一位十分了解克洛基習性的狗販子。

與這隻臘腸狗截然相反的是吳爾夫，牠是我家的看門狗。吳爾夫是一隻典型的狼種狗，毫無稚氣且十足獨立，對任何人都不服從。事實上，牠認為自己是家中的首領，而這樣的性格取決於其獨特的成長經歷。

一般來說，狼種狗的情感可塑期相對較早，約五個月大時，牠就會和人類產生情感的強烈連結。我曾因不知道這個特質而付出了難忘的代價：家中的第一隻鬆獅犬（Chow Chow），是我送給妻子的生日禮物。為了給妻子驚喜，我在妻子生日前一週，將小狗寄養在表姊家（那時牠還不到六個月大）。難以置信的是，短短七天的相處，這隻小狗竟對我的表姊產生了永久的情感。可想而知，事態發展讓這份生日禮物對妻子來說大打折扣。儘管表姊很少來我們家，但這隻喜怒無常的小鬆獅犬很明顯是將我的表姊而非我的妻子，視作牠真正的主人。當然，牠日後也逐漸喜歡上我的妻子，但如果我當初直接帶牠回家，牠和妻子的感情必定會更為親密。即使過了多年之後，牠似乎仍想離開我們，去尋找牠眼中的第一個主人。

人們很容易忽略狗選擇主人的重要時期。從另一方面來看，如果狗在繁殖場或其他場所待上太長時間，以及其他可能的原因使牠沒有機會找到適合的主人，在這兩種情況下，狗會形成一種非常獨立的性格，就像吳爾夫。

吳爾夫出生於二戰結束後不久。儘管那時糧食非常匱乏，妻子仍然把牠養在身邊，希望作為我從戰場歸來的禮物。不幸的是，我比預計的退伍日超出許久才得以返家，而在這段吳爾夫情感最易受影響的時期，牠並沒有認定或依賴上任何人。那段期間，吳爾夫的同胎妹妹住在鄰村，主人是小酒館的老闆，這位酒館老闆十分熱愛狗，也很擅長飼養鬆獅狗。吳爾夫沒花多久時間，就在妹妹的豪華新家中覓得一席之地，這時牠大約七個月大。就在同時期，牠依靠獨特的魅力，至少還在鄰近兩個家庭落腳，所以當時有四個家庭以為自己擁有這隻漂亮的狗。

就這樣來到一九四八年，吳爾夫十八個月大時，我終於從俄羅斯的戰俘營返回家中。為了取得吳爾夫的信任，我費了很大一番工夫，最後終於得到了吳爾夫的信任，之後牠也會主動陪我長途散步。但我仍無從得知，牠是否會在半路上受其他事物吸引而離去。

和吳爾夫保持親密的唯一辦法，就是鼓勵牠尾隨在我的自行車後方，並逐漸延長一起出遊的路程。當狗來到超出自己遠行範圍的陌生地域，熟悉的人類就成了唯一的親密旅伴，此時狗和人類的關係，就如同狼對那帶牠穿越未知領域且經驗豐富的首領般的情感。要想讓狗將一個人視為主人，據我所知沒有比這更好的方法。環境愈陌生，狗對主人的情感愈親密。因此，將狗置於讓牠感到迷惑的環境尤其有效。若將一隻在鄉間長大的狗帶去都市，電車、汽車等各種味道，以及紛沓而來的陌生人類，都會打擊牠的自信心，使牠害怕失去唯一可倚靠的人類朋友；如此一來，無論反抗心多強的狗，也會如同訓練有素的警犬般緊跟著人類。當然，我們也必須避免帶牠到令牠過於驚恐的地方，否則就算第一次牠乖乖地跟著走；第二次卻可能冷淡地拒絕跟隨。在這種情況下，如果狗的個性很強卻還是用鏈繩硬拉，結果只會適得其反。

總之，我最後贏得了吳爾夫的尊敬。牠終於願意放棄其他居所搬回家來，認定我是牠的主人。無論我走到哪裡，即使去到牠並不喜歡的場所，牠都緊跟在後。但即便如此，牠仍然沒有完全臣服於我。牠時不時會消失數日，例如週末我總是找不到牠的影子。之前我完全沒有發現，直到一次週末客人來訪，我想讓客人看看吳爾夫，才發覺牠竟徹夜未歸。那麼，牠究竟上哪兒去了？原來，牠每個週六下午直到週日一整天都泡在小酒館！顯然牠發現小酒館對牠依然熱情好客，而且裡頭的美食特別豐富，加上兩隻漂亮的母鬆獅犬，讓牠比待在家中更加自在愉快。

我和吳爾夫之間的友誼雖不是那麼親密，但依然帶給我許多啟發和無盡的快樂。對於一名動物行為學家來說，研究一隻對人類不忠誠也不順從的狗，是件非常有意思的事。吳爾夫是我所熟悉的第一隻這樣的狗，而更有趣的是，當這隻傲慢的狗表現出牠對某位人士的喜愛，那麼，該人士（包括我自己在內）都會忍不住受寵若驚。甚至我的另一隻狗蘇西都對牠十分尊敬，也讓我嫉妒不已。

前述的臘腸狗克洛基，以及性格截然相反的鬆獅狗吳爾夫，都未能與主人建立起親密關係，那麼我養的另一條母狗斯塔茜又是如何呢？和克洛基及吳爾夫不同的是，斯塔茜對主人的情感可說相當「圓滿幸福」。這樣的結果源自於斯塔茜完美地結合了從曾祖母媞托繼承的孩子氣和依賴心，以及承襲自狼血統祖先對首領的絕對忠誠。

斯塔茜生於一九四〇年初春，牠七個月大時，我開始訓練牠。無論是外表或性格，牠都繼承了德國牧羊犬和鬆獅犬的優點：鼻口尖長，頰骨寬大，眼斜耳短且耳毛濃密，尾部短小多毛，而且體態十分優美，彈跳力極強——這讓牠看起來更像是隻小母狼，唯獨烈焰般的金紅色體毛還保留著灰狼的血統。但真正可貴的還在於牠的性格。斯塔茜以驚人的速度學會了被人類用皮繩牽著走，以及緊跟主人行走，甚至趴伏或躺下等技能。牠偶爾會自發地清理狗窩，也不會傷害家禽，所以不需要我做這方面的訓練。

無奈兩個月後，我被邀請到柯尼斯堡大學出任心理學教授。我於一九四〇年九月二日離開家，與斯塔茜的互動因而中斷。耶誕節期間，我回家度假，斯塔茜一見到我，依舊充滿熱情地迎接我，顯示牠對我的情感一如以往。除此之外，斯塔茜完全記得過去的訓練，牠依然做得很好，和四個月前沒什麼不同。

但當我再度準備離家時，悲劇發生了（許多愛狗的人可能明白我的意思）。在我打包行李時，斯塔茜變得十分沮喪，片刻也不肯離開我的身旁。牠顯得焦慮緊張，每當我走出屋子，牠就一個箭步跳起來緊跟著我，甚至一路跟進浴室。等到我打包好行李，即將踏出屋外時，可憐的斯塔茜痛苦萬分，幾近絕望。牠開始拒絕進食，呼吸也變得淺而不規律，並間斷地被重重的嘆息打斷。出發當日，我們決定將牠暫時關起來，避免牠拚死也要跟著我上路。但奇怪的是，這段時間總與我形影不離的小母狗卻獨自躲到庭院中，任憑我怎麼喚牠都不回應。原本最溫順聽話的牠，當時卻展露出極度倔強固執的一面，我們想盡辦法也抓不到牠。最後，我像往常一樣推著手推車和行李，由孩子們陪伴著朝車站前進。此時，斯塔茜卻垂著尾巴、豎起鬃毛，雙眼露出野性的光芒緊跟在我們後方二十多公尺處。抵達車站後，我最後一次試圖抓住牠，仍舊徒勞無功。在我踏上火車時，牠擺出一副挑釁姿態，一面從安全距離之外疑惑地望著我。火車開始緩緩移動，牠仍然杵在原地動也不動；但當火車開始加速，斯塔茜冷不防向前衝，在火車旁飛奔，試圖跳上車。為了防止牠跳上來，我定定站在連接三節車廂的車門板處*，將身體慢慢挪近斯塔茜，按住牠的頭和臀部，讓牠不再躍上車廂。只見牠俐落地停下腳步。此時，斯塔茜的挑釁姿態已然消失，只是豎起耳朵歪著頭靜靜凝視，直到火車從視線中消失。

很快地，我在柯尼斯堡收到了令人不愉快的消息：斯塔茜殺死了鄰居的母雞，並暴躁地四處徘徊，不聽從任何人的命令。牠已不再是那隻訓練有素的家犬了。現在的斯塔茜只能幫忙看門，因為牠變得愈來愈越凶猛——此時的牠已謀殺雞隻、血

---

*譯注：奧地利的火車車尾，都有相當寬敞的車門板與車廂相連。

洗兔籠，又差點撕碎郵差的褲子。最後，斯塔茜被關在毗鄰房子西側臺階上看守庭院，牠悲傷而孤獨。事實上，牠已完全自絕於人類之外。儘管牠仍舊和另一隻美麗的澳洲野犬共同擁有寬敞漂亮的狗窩。

一九四一年六月底，我回到阿爾騰堡，馬上走進庭院看望斯塔茜。當我走上通向陽臺的臺階時，由於逆風，兩隻狗一時沒嗅聞出我的氣味，一面憤怒地吠叫一面朝我猛衝過來。我原以為牠們能很快地認出我，卻令人失望。突然間，斯塔茜嗅出了我的氣味，接下來發生的一切讓我終生難忘：斯塔茜在瘋狂朝我衝來的過程中，突然緊急煞車，彷彿一尊雕像般靜止不動。牠的鬃毛豎立著，尾巴和耳朵下垂，鼻孔卻大大張開，貪婪地消化著風傳遞的訊息。沒多久，牠豎起的毛髮終於垂落，全身卻開始戰慄，雙耳瞬間立起。我以為牠接著會欣喜地朝我撲來，但牠沒有，這段時間遭受的精神折磨，已徹底改變了這隻狗的性格。這隻最溫馴的動物在數月間已忘了所有的禮儀和規矩，這個創傷無法在短時間內撫平。只見牠後腿蹲坐著，鼻孔朝天，發出了一聲令人毛骨悚然卻異常淒美的嗥叫聲，彷彿數個月來的苦悶壓抑終於得到了釋放。

斯塔茜嗥叫了約三十秒後，閃電般朝我撲了上來，將我捲入牠暴風雨似的狂喜當中。牠前肢幾乎攀到了我的肩上，我的衣服也快被牠剝下來。過去性格內斂恭敬的斯塔茜，即使在情感最強烈的時候，也只是把頭放在我的膝蓋上；而此刻，牠竟興奮地發出了類似火車頭那樣的尖嘯聲，同時伴隨著撕心裂肺的吼叫，甚至比幾秒前的長嗥更響亮。然後，牠突然停下來，從我面前跑出去，停在庭院門口。牠回頭看向我，祈求我放牠出去。顯然對牠來說，我的歸來意味著牠的監禁告終。多麼幸運的傢伙！又是多麼令人敬佩的意志！導致斯塔茜心靈創傷的因素消失了，在三十秒的長嗥和一分半鐘的歡呼雀躍之後，斯塔茜徹底宣洩了長期的苦悶，一切將重新踏上正軌。

看到我和斯塔茜一同進屋時，妻子不住驚呼：「天啊，雞怎麼辦?!」可斯塔茜甚至沒看母雞一眼。到了晚上，我剛領牠進屋，妻子就連聲數落著這隻狗的惡行。然而此時看來，斯塔茜仍是那隻我只花了兩個月就訓練出來的家犬，牠也記得我所教過牠的。即使在長達九個月的深深的痛苦中，牠的心底仍忠誠地保留下我所帶給牠的一切。

在這段夏日時光，斯塔茜和我形影不離，我們幾乎每天都會沿著多瑙河散步，也經常在河中游泳。但很快地假期即將結束，又到了我收拾行囊的時刻，眼看昔日的悲劇將要重演。斯塔茜再度變得毫無活力且意志消沉，每天與我寸步不離。不過，這一次我已決定要帶牠一起走，但因為狗無法理解人類的語言，所以這隻可憐的小傢伙白白痛苦了好久。儘管我不斷試圖讓牠理解我不會再扔下牠，但牠仍因緊張而終日提高警覺，且不允許我離開牠的視線。還好最後，牠終於明白了我的苦心。就在即將動身前不久，斯塔茜又躲進庭院中，顯然是打算故技重施。我沒有理會，直到一切備妥準備上路時，我用平時喊牠散步時的口吻呼喚牠，斯塔茜突然間明白了，圍著我開心地轉圈。

遺憾的是，斯塔茜僅僅再陪伴了牠的主人一個月，因為我在一九四一年十月應召入伍。相同的離別悲劇重演，唯一不同的是，這一次斯塔茜跑得無影無蹤。兩個月來，牠在柯尼斯堡周圍過著野生動物般的生活，犯下了一樁樁罪案——牠就是那隻洗劫了議員家兔籠的神祕「狐狸」，我對此毫不懷疑。耶誕節後，斯塔茜總算返家，浪跡天涯的結果是瘦骨嶙峋、眼鼻化膿，所幸在妻子的診療下，牠逐步恢復了健康。但可想而知，要如今的斯塔茜留在家裡已是不可能的事，於是我把牠送去了柯尼斯堡動物園，牠和後來的伴侶——一隻西伯利亞狼住在一起，不過牠們並沒有孕育任何子女。幾個月後，我以神經科醫師的身分來到波森陸軍醫院，並再度把斯塔茜接來同住。

一九四四年六月，我被派往前線，斯塔茜和牠的六個孩子被送往維也納的美泉宮動物園。戰爭即將結束時，斯塔茜卻在一次空襲中不幸喪生。我在阿爾騰堡的一位鄰居收養了斯塔茜的兒子，而我日後飼養的狗也都是牠的後裔。斯塔茜一生短短的六年當中，和主人待在一起的時間連一半都不到，而牠卻是我所知道的這麼多狗中，最忠誠的一隻。

Chapter 4

特訓課

許多主人訓練愛狗聽令去攻擊「賊」或找回失物，效果卻未必盡如人意。我常想問問那些擁有聰明狗的幸運主人，迄今為止，您的狗多久才有一次機會把這些技藝付諸實踐？我們必須意識到一點，即使是最好的狗，也沒有人類社會的責任感。狗唯有在心甘情願時，才會積極配合每一種訓練，因此採用懲罰手段有害無益，這只會讓狗對於訓練感到厭煩，更談不上學會技能了。

談到狗的訓練，目前已有許多相關好書，而作者都是比我更有資格撰寫這類書籍的人。因此這章並非教育狗的嚴肅論文，而是想藉由介紹兩、三個簡單的訓練訣竅，增進狗與主人間的情感連結。

訓練的通則

許多主人訓練愛狗聽令去攻擊「賊」或找回失物，效果卻未必盡如人意。我常想問問那些擁有聰明狗的幸運主人，迄今為止，您的狗多久才有一次機會把這些技藝付諸實踐？就我個人而言，我從來沒有因為狗而倖免於賊手的經歷，唯一一次幫我從大街上找回失物的狗，還是一隻從來沒有被訓練過的小母狗，但這對於研究者來說是一次很棒的經驗。小佩吉，就是我經常提到的斯塔茜的女兒，有一次牠陪我在柯尼斯堡的街頭慢跑，突然用牠的鼻子拱了拱我的腿，我低下頭瞥了牠一眼，看到牠嘴裡叼著我不慎掉落的一隻皮手套。那時牠在想什麼？牠是真的知道那個落在我身後，帶著我氣味的物體是屬於我的嗎？我不知道。當然，在這之後，我多次故意「掉落」手套，但牠甚至從沒再看過手套一眼。因此，我懷疑究竟有幾隻受過訓練的狗，能真正將主人遺失的物品找回來呢？

在《所羅門王的指環》中，我已經用簡單的語言，就專業訓犬師訓練狗的主題明確地闡述過觀點。而我接下來要討論的三個訓練方法也十分簡單，但令人驚訝的是，只有少數狗主人能不厭其煩地教授狗兒這些課程，這三個方法分別是：「坐下」、「籃子」和「跟我走」。

在這之前，我想先簡單說明訓練狗的通則。首先，在獎勵和處罰上，認為後者比前者更有效是一種本質上的錯誤。關於犬科動物的訓練，尤其是「室內訓練」，如果沒有處罰，效果會更好。對三個月左右的幼犬進行「室內訓練」的最好辦法，就是在牠剛來家裡的幾個小時內，隨時盯著牠的排泄情況；一旦牠出現排放液體或固體的「犯罪」意圖，就立即打斷牠並盡快將牠抱到戶外，並讓牠在同一個地方大小便，同時記得讚美和愛撫牠。用這種方式訓練小狗，牠不久就會知道你要表達的意思，若能定期帶狗到戶外，那麼你很快就沒有清理穢物的困擾了。

最重要的是，主人應在狗犯錯後立刻警示；狗犯錯幾分鐘後再去處罰牠是沒有任何意義的，因為牠已經無法理解其中的關聯（只有一些「慣犯」才會意識到犯錯會有遲來的懲罰）。

事實上，試圖通過處罰灌輸狗順從的意識，是大錯特錯的。同樣地，如果狗在散步過程中因聞到獵物的味道而跑開，返家後再處罰牠也是愚蠢至極的行為，因為這也可能使牠將處罰與回家的行為聯想在一起。

狗對處罰的敏感程度大不相同，對於那些神經高度緊張敏感的狗來說，輕輕拍打對牠們造成的影響，很可能比那些強壯的狗受嚴厲毆打時影響更大。身強體壯的狗一般感覺很遲鈍，拍打牠無法使其感到疼痛。我的德國牧羊犬媞托的身體非常健壯，常常在玩耍時把我撞得身上青一塊紫一塊。這個時候，即使我對牠拳打腳踢或在牠緊緊抓著我的胳膊時將其甩到地上，牠也不會有任何反應，反而將這種粗暴的對待視為一場盛大的遊戲，並試圖對我進行更加殘酷的「報復行動」。相反地，對於一隻極為敏感的狗，即使是最輕微的拍打也會讓牠尖叫且鬱悶不已。

如果狗的身體和精神都非常敏感，例如西班牙獵犬（Spaniel）、雪達犬

（Setter）或其他類似品種，在訓練牠們時一定要十分謹慎，否則狗很容易受到驚嚇，失去自信心和生活的樂趣，甚至會畏懼主人的手。根據我與狗相處的經驗，在鬆獅犬與德國牧羊犬的混種狗中，特別是在那些擁有更多德國牧羊犬血統的狗身上，經常出現兩種極端的性格：有些狗十分軟弱敏感，有些則感覺相當遲鈍。

例如斯塔茜非常結實，而牠的女兒佩吉卻很軟弱，當這兩隻狗幾乎要將一隻小馬爾濟斯撕成兩半時，路人總是對我的明顯不公對待忿忿不平。因為我總是嚴厲制止母親斯塔茜，而只輕聲喝斥佩吉兩句。實際上，兩隻狗受到了同等程度的對待。要知道，痛苦造成的處罰效果，遠不如執法者權力的震懾來得有效。讓狗真正理解這種權力的威力，才是真正有效的「處罰」。狗和猴子一樣，在爭論等級排名的時候，不是互相毆打，而是互相撕咬。我的一位學者朋友發現，啃咬猴子的手臂或肩膀，甚至不用造成任何傷口，都比嚴厲的毆打更讓猴子印象深刻。至於我所知道的最嚴厲對待狗的方式，就是抓住狗的脖子將牠舉起來，然後使勁搖晃牠。事實上，可以舉起德國牧羊犬並晃動牠的，一定是一隻體形巨大強壯的狼；由此可見，狗在受處罰時，也會對強壯的主人產生畏懼。所以如果不想嚇壞狗兒的話，千萬不要輕易使用這種方法，即使是對成年的狗也一樣。

我們必須意識到一點，即使是最好的狗，也沒有人類社會的責任感。牠唯有在心甘情願時，才會積極配合每一種訓練，比如跳躍、搜索或其他技能。訓練時，採用懲罰手段是完全沒有幫助的，因為這會讓狗對於訓練感到厭煩，更談不上學會這項技能了。一些訓練有素的狗，即使提不起興趣也會依照主人的命令去追蹤野兔、跟蹤腳印或跳躍障礙物，但這都已是習慣使然。因此在訓練初期，當狗還沒有習慣服從命令時，訓練時間應限制在數分鐘內，一旦狗的熱情有減弱的跡象時，就應該立即停止。我們必須不惜一切代價讓動物感覺到，牠不是一定要進行某些訓練，而是被允許進行某些訓練。

給狗兒的「三道令牌」

簡單說明了訓練的通則之後，讓我們回到正題，談談主人應該教給狗的三項基本技能。在我看來，最重要的就是「坐下」的絕對服從，這將使狗成為令人滿意的忠誠夥伴。

學會聽令坐下，而且未經允許不會起來；如果狗能做到這點，會給主人帶來許多便利，例如主人可將動物留在商店或屋外，如此一來狗就可以時刻陪伴主人，而不必被關在家裡。對於一隻真正忠誠的狗來說，被獨自留在家裡會讓牠非常不快。

然而，「坐下」的價值應是富有教育意涵的，這代表了在服從本質上的進步。這種訓練要求狗克服自己時刻跟隨主人的欲望，並獨自待在一個自己不喜歡的地方。因此，「起來」的命令會讓牠得到解放，牠會非常樂意服從；而「過來」的命令則成了快樂的形式，而非一項任務。

通常，要讓一隻不聽話的狗呼之即來，就是透過學習「坐下」來實現的。艾根．馮．博恩堡是我所知的最棒的訓犬師，他在訓練獵犬的過程中，更集中訓練「坐下」而非「過來」。儘管狗在平時非常順從，但對獵物的欲望會使牠對主人的哨聲充耳不聞，於是博恩堡自創了一種有效的方法，能讓狗在追捕過程中立刻停下來。他就是利用「坐下」命令來完成此一訓練。他讓狗聽到命令即中斷任何活動，即使狗仍在追逐過程中，也會聽令「坐下」、「待在原地」，且沒有命令不會起身。因此，當狗急於追趕獵物時，博恩堡不需要花費多餘力氣，只要用適當的聲音喊一聲「坐下」就可以了。接著會看到因狗兒緊急煞車揚起的一陣塵土，待塵土散去後，眼前便出現了一隻乖乖橫臥在地的狗兒。

「坐下」的訓練非常簡單，就算是不擅長訓練狗的人也能做到。這項訓練最好於狗七至十一個月大時進行，這取決於狗是早熟還是晚熟：太早開始訓練不好，因為讓一隻多變愛玩的小狗乖乖聽命令坐下太過嚴格了；不過太晚開始也不好，因為狗的年齡稍大之後，性格基本上就定下來了，要想讓牠聽命坐下不是件容易的事。

訓練場地應選擇地面柔軟且乾燥的地方，適合狗坐下或趴下，而且在牠的頭和臀部有固定支撐，切忌選擇狗不願躺下的地方。

初次下達命令時，採取一定的強迫措施是必要的。有些狗學習能力較快，有的較慢，有的還會僵直站著不動，要等到主人協助牠們彎下前後腿，牠們才會明白主人的指示。

初期的訓練在旁觀者看來可能有些滑稽，但是重複幾次之後，狗就能了解情況並自發地按命令躺下。此外，我們也應在剛開始訓練時，就防止狗不聽命令而自發起身，所以不能分開教狗「坐下」和「過來」的技能。首先，訓練員最好待在狗的身旁，在牠的鼻子前慢慢移動手指，讓牠沒有機會起來；接著快速下達「過來」的命令——自己向前跑幾步，讓狗在後面跟著；最後要記得愛撫或和牠玩耍，以示嘉獎。一旦狗出現了疲勞跡象或是有意避開主人的話，就應立刻停止訓練，第二天再繼續。要注意的是，「待在原地」的時間須逐漸增加，而且訓練過程中，訓練員該嚴則嚴，該賞即賞，切勿對狗的態度曖昧不明。

訓練絕不能變成玩耍，玩耍應該是作為完成訓練後的獎勵，所以要盡量避免幼犬仰身躺下，以嬉戲的態度對待命令。另一方面，訓練員必須盡力避免狗對訓練產生反感。當狗能待在原地數分鐘後，訓練員可以逐漸遠離狗，但注意不要離開狗的視線；直到狗十分熟悉此一命令，在主人離開後還能長時間地待在原地，訓練員才可以徹底離開狗的視線。

訓練員也可以留給狗一些隨身物品，幫助牠度過這一考驗；留下的物品愈多，體積愈大，狗就更容易耐心地和這些物品一起等待。如果帶狗去露營，把牠留在帳篷和毛毯旁，那麼即使狗對之前的訓練印象還不深，牠也會待在原地耐心等候主人。一旦有陌生人試圖拿取東西，狗會因氣憤而變得近乎瘋狂。並非因為牠有守護主人物品的責任感，而是因為這些物品上有主人的氣味，在某種程度上是家的象徵，牠可據此確信主人不久後即會歸來。因此如果有人試圖移動這些東西，狗就會變得十分憤怒。所以當我們看到一隻訓練有素的狗貌似在守護主人公事包時，心理學和行為學上的解釋，和表面看起來的完全不一樣。

回到前面提到的，要讓狗在陌生的環境下進行這項訓練，最重要的就是選擇一個適合讓狗「坐下」的場所。在下達命令前，主人應該優先考慮這點。讓狗躺在沒有任何遮蔽且人來人往的道路中間是非常殘忍的，因為這樣的地方完全不適合狗休息，反而會讓牠遭受精神上的折磨。反之，如果讓牠躺在安靜的角落裡，上方有覆蓋物會更好。

主人必須嚴格遵守前述原則，畢竟「坐下」對狗而言是一件十分艱苦的任務，必須付出相當多的精神和努力。當然，良好恰當的嚴格訓練對狗來說並不殘忍，反而會豐富狗的生活，因為一隻訓練有素的狗可以時刻陪伴主人。對於那些非常聰明的狗，嚴格的訓練可以在一段時間後有所放鬆。斯塔茜在執行「坐下」的技能上是一個好手，牠在看管我的自行車時，很清楚我並不指望牠一直保持獅身人面像般的姿勢。牠剛聽令坐下時會保持這種姿勢，但稍後我從窗戶偷看牠，就發現牠已開始在半徑數公尺的範圍內移動。但如果我們出門拜訪，我讓牠在房間的角落坐下，牠就不會像之前那樣起來走動。也就是說，牠確實理解了這些命令的真正含義。最終，我們達成了以下的默契：如果牠按照命令坐下，面前沒有我的自行車或公事包，且十分鐘之內我還沒回來，牠便獨自先回家；但如果我留下了我的物品，牠就會一直待在原地等我回來。

斯塔茜對「坐下」命令完成得非常完美，雖然聽起來不可思議，但牠竟能自己「上班」！我們住在波茲南時，牠和柯尼斯堡動物園中的澳洲野犬生下了一窩小狗（牠過去和西伯利亞狼並未孕育任何子女）。一位醫生朋友將他的狗籠借給我，確切來說是借給斯塔茜。斯塔茜和牠的孩子們待了三天。第四天，當我走出上班的醫院時，發現牠正躺在我的自行車旁。無論我怎麼做，牠都不去孩子旁邊，非常堅持要接著「上班」——牠每天兩次穿過數條街回去餵孩子，但半個小時內就會回來繼續躺在我的自行車旁。

第二種訓練是「籃子」。和戶外的「坐下」一樣，只不過換成在屋內訓練。人們有時會覺得狗打擾到自己做事或獨處，想暫時擺脫牠。但即使是最聰明的狗，也無法理解「走開」的命令，因為「走開」過於抽象，狗實在無法理解。人們必須以一種具體的指示告訴狗應前往何處。當然並不意味著真的要去籃子旁，最好選擇一個狗本來就喜歡且總是很樂意待的角落。

第三種訓練就是「跟我走」，這同樣能使狗成為一個令人喜愛的夥伴。可惜的是，這項非常實用的技能比先前的兩種技能更難掌握，即使是一隻訓練有素的狗，也需要不斷重複訓練才能記住。

訓練狗跟著人走路時，需要牽著牠，讓牠緊跟主人的左側或右側走（必須維持同一側），頭跟主人的膝蓋保持一樣的高度，並配合主人的步伐。狗在練習這項技能時，態度上不太排斥，但大多數的狗總是向前走得太遠。為了避免這種情況，主人需要猛拉牽繩或輕觸狗的鼻子。當主人轉彎時，狗也要跟著轉彎，要做到這一點，主人得稍微彎下腰，用沒牽繩的手推著狗朝轉彎的方向前進。

在狗心甘情願跟著主人走之前，需要長時間用繩牽著進行訓練。這個訓練需要兩個命令：叫狗「跟著走」和「別跟著」；根據我的親身經歷，執行第二道命令更為困難。學習「坐下」的時候，狗能輕易地理解「過來」的命令，並且很快就學會在主人下令前保持不動。但是要狗理解停止跟隨的命令，就不是那麼容易了。最好的方法就是在開始下達命令時，主人站著不動，讓狗繼續向前走。未經允許，狗不能自行偏離跟著主人走的方向，否則牠會認為這是被允許的行為，從而破壞訓練的成果。更困難的一點就是，聰明的狗會很快意識到脖子上是否有繩子，繩子一旦解開，牠就不會再執行命令了。因此最好在訓練初期就讓狗習慣繫著細且輕的牽繩。

我在訓練斯塔茜的最初階段，只要綁著牽繩，牠總是會執行「跟我走」的命令，無論我是否牽著牠，也無論牠離我多遠。然而一旦解開項圈，牠就感到「自由」且不再遵守命令。因此，即使訓練有素的狗，最初也應該用牽繩幫助其「定神」。但總的來說，就像學習「坐下」一樣，如果狗已經完全理解並能熟練執行命令，就可以適當放寬規則。斯塔茜雖然從很小開始就接受這項訓練，也常忘了命令的含義，不過在緊急情況下，我無須下達命令，牠也會緊緊跟著我。人潮眾多時，牠會自主地來到我的腳邊，因此無須擔心會不慎和牠走失；即使在戰爭時也一樣，牠仍規規矩矩地跟隨我的腳步，脖子的右側緊緊貼著我的左膝。

無論處在何種誘惑下，斯塔茜都專心一意地跟著我，著實令人感動。比如當我們經過擁擠的農場時，那些咯咯直叫、到處亂飛的母雞和咩咩叫的小羊因看到這隻像狼一樣的紅毛狗而驚恐萬分，這種混亂讓牠的自控力遭到極大的挑戰。這時牠會更緊靠著我的左膝，防止自己犯錯。只見牠因激動而渾身顫抖，鼻孔張大，耳朵豎起，我彷彿可以看到牠是如何用無形的繩子來約束自己。當然，如果狗不是在年幼時就受到適當的訓練，根本無法如此穩定地跟著主人走。但令我欣慰的是，狗一旦習得技能之後，不僅會堅定執行，而且能以一種更明智，也可以說更具創造力的方式來執行。

Chapter 5

習慣

狗在展示「禮貌的表情」時，耳朵仍向後放平，但有時也會靠攏在一起，嘴角則和「防禦表情」時一樣向後撇，但不是像埋怨般下垂，而是向上提起。在人類眼中，這種表情和「笑」很相似，且含有邀請玩耍的意味，這時下顎還會稍稍張開露出舌頭，嘴角則上提幾乎觸及眼部。狗和心愛的主人玩耍時，經常能看到這種「笑」。

先用鼻子交際一番，彼此聞了又聞，

再來相幫挖地，逼得老鼠逃遁。

——英國詩人　羅伯特・彭斯《兩隻狗》

人類仰賴語言達成彼此間的溝通，同時促成群體中個體與個體的相互協助；反觀其他群居動物的社會，卻是用更獨特的交流方式和行為機制來達成前述目的。我在《所羅門王的指環》中曾簡述相關主題。

和人類的語言不同，動物社會的特殊信號、各種動作表現和聲音的含義，並不像人類一樣經由傳承決定，而是由本能性行為和其所產生的反應而決定。因此，動物的「語言」比起人類的語言更為保守，其間的慣例和用法也遠比人類的語言來得固定且有拘束力。

關於犬科動物的社會禮儀，幾乎可以寫成一整本書，正是這些規則決定了強者和弱者、雄性和雌性行為，以及其他相關儀式。從表面上來看，前述規則（源於狗的遺傳行為模式）的效力與人類社會逐代留下的習俗規矩非常相似，甚至包括了對社會生活所產生的效應。本章想探討的就是這種類似性的意義。

然而，無論規則本身多麼有趣，一旦淪為抽象闡述卻易使人枯燥無味。因此，我將盡力捨棄抽象的陳述，並藉由一連串日常案例來描寫社會規則對犬科動物生活的真實影響，讓讀者能自然理解其間的邏輯。

首先要提到的是最重要也是和階級相關的行為。犬族中的古老慣例不僅傳承至今，而且很大程度上決定了牠們在社會性上的優勢與劣勢。且讓我帶領讀者諸君回想兩隻狗相遇時的場景。

短兵相接

我和吳爾夫沿著小巷散步。我們經過村裡的汲水場來到大路時，突然發現吳爾夫的死對頭——洛夫正站在兩百公尺前方的大路中央。我們勢必得經過洛夫所在的位置，眼看一場衝突即將展開。吳爾夫和洛夫是村裡最強悍駭人的狗，也顯示出牠們是階級最高的狗。牠們互相厭惡，卻也深知對方的厲害。不過據我所知，牠們並未真正較量過，所以此次狹路相逢，看得出來雙方都抱著敵意相迎。過去，牠們曾在各自的庭院裡隔空咆哮或恫嚇，（相信牠們也確信）若非柵欄阻攔，甚至很可能會撕破彼此的喉嚨。

然而，此刻牠們的情感已和昔日大不相同。我以人類的行徑稍微向各位解釋前述態度的轉變：兩隻狗都認為必須將過去的脅迫行為付諸實現，才能保住各自的聲譽，否則「面子會掛不住」。當然，牠們早從老遠就認出彼此，於是立刻採取一種炫耀的姿態——挺直身軀，尾巴高豎，愈靠近對方步伐愈慢。當雙方相距約十五公尺的距離時，洛夫急速臥倒，面露凶光，彷彿一隻伺機行動的老虎，臉上的表情不帶絲毫疑懼，耳朵朝前直豎且眼睛圓睜。

無視於洛夫在人類眼中極具威脅性的姿態，吳爾夫依然無畏地朝對手前進。此時洛夫猛然起身，雙方以側腹短兵相接，以頭部對著敵手的尾部，並開始嗅聞彼此挺出的臀部。臀部的挺立象徵自信，一旦自信稍稍低落，尾巴就會立刻垂下。因此我們可透過尾巴的角度，得知狗兒當下的氣勢多寡。

緊張情勢持續了一段時間後，雙方原本沉著的神色也逐漸轉變。前額處皮膚橫向聚攏形成縱向皺紋；直豎的尾巴稍微垂落到比眼睛水平線略高處；鼻子也堆擠出皺摺並露出尖利的牙齒。一般來說，受到威脅或被逼入絕境的狗在自我防衛時，會擺出這樣的凶惡表情。狗的士氣和牠對現況的掌控程度則顯示在頭部的兩處位置——耳朵和嘴角，如果耳朵朝前直豎且嘴角皮膚朝前垂下，表示牠們將毫無畏懼地發動進攻（害怕時的反應則和前述耳朵和嘴角的狀態相反，此時彷彿有一股無形的力量，迫使狗退後或逃跑）。威脅的姿態也往往伴隨著咆哮，咆哮聲愈低沉，表明動物愈有自信；當然，由於動物自身聲音大小不同，這裡指的是和原本的聲音比較，例如蠻橫的剛毛獵狐㹴（Fox Terrier）的咆哮聲顯然比謹慎溫順的聖伯納犬（St. Bernard）來得高亢。

好，讓我們回到吳爾夫和洛夫的對峙。只見兩隻劍拔弩張、側腹挨著側腹的狗開始緩緩繞圈，我內心暗暗期盼著戰爭開打，然而雙方勢均力敵，誰也不輕易開戰。隨著咆哮聲越發讓人心驚，卻什麼也沒發生，我不免開始疑惑，這種疑惑隨著吳爾夫和洛夫先後向我投來的眼神而逐漸加強。我揣測，顯然牠們並不想開戰，而是希望由我擔任和事佬，從旁讓牠們體面地化解爭端，並從戰鬥的義務中解放出來。並非只有人類才有維護聲譽和尊嚴的欲望，高等動物的本能反應既然和人類深深相關，這樣的欲望自然也在牠們內心根深柢固。

不過，我最終還是沒有介入這場戰局，而是讓兩隻狗自行找到維護尊嚴的解決方法。後來，兩隻狗以非常緩慢的速度逐漸分開，各自一步一步地朝相反的方向退開，但仍不忘以凶惡的目光相互盯視。接著，牠們彷彿像接收到命令般，同時抬起了一隻後腿，吳爾夫倚著電線桿，洛夫則倚著柵欄，各以一種傲然的姿態，朝自己選擇的方向前進，並懷抱著精神上的勝利及恫嚇到敵手的成果，翩然離去。

當看到兩隻勢均力敵的狗相遇時，母狗的反應卻很不一樣。例如吳爾夫的伴侶蘇西就非常期待戰爭的爆發，並不是說蘇西想躍上前援助另一半，而是牠想看到伴侶擊敗對手。我曾兩度發現，蘇西略施伎倆達到了前述的目的：一次是吳爾夫和另一隻狗一樣處於頭尾交錯地對峙狀態，蘇西興致勃勃而小心謹慎地繞著牠們徘徊，兩隻公狗完全沒有注意到這隻好事的母狗。只見蘇西暗地使勁朝吳爾夫的後腿咬了下去，並佯裝成敵人的突襲。吳爾夫以為敵人違背了犬科動物的社會規則，立刻撲上前展開反擊。吳爾夫的突襲對另一隻狗來說，亦為不可原諒的犯規行為，因此這場戰鬥比平日來得更慘烈。

吳爾夫也曾與住在村裡的一隻老混種狗交過手。吳爾夫年幼時，非常害怕這老傢伙，但在長大後不僅不怕牠，還特別討厭這隻老狗，只要一有機會就想讓老傢伙嘗嘗苦頭。

此時冤家再度聚首。只見老傢伙馬上挺直身體，吳爾夫則無畏地朝老狗衝去，以肩膀和尾部使勁撞牠。老狗企圖猛咬吳爾夫，但牠的意圖顯然因吳爾夫的衝撞而落空。不過老狗仍頑強地站立著，可是尾巴卻垂下來了，此刻牠已無法自信地挺出臀部。老狗的鼻子和額頭因恐懼而皺成一團，頭部低垂朝前伸出，發出憤怒的吼叫聲，這種姿態也充分暴露出牠的不安。當吳爾夫再次試圖靠近時，老狗絕望地直朝牠撲咬過去，吳爾夫一個後退，隨即叉開雙腿用力踏地，踩著誇張的大步伐繞著敵人打轉，接著朝最近的合適目標抬起腿，隨即揚長而去。

老狗的「潛臺詞」若以人類的語言表達是這樣的：「我打不過你，也沒盼望過和你一樣或高於你的地位，更不打算侵犯你的地盤，只希望你放過我一馬。但若你執意如此，我也不在乎勝算多寡，必定全力應戰。」

但是，吳爾夫又是怎麼想的呢？

吳爾夫在村子的汲水場旁，遇見了一隻黃色小混種狗。小黃狗一見吳爾夫就嚇得魂不附體，拔腿往開著門的雜貨舖逃命。吳爾夫緊追不捨，並和對老狗一樣猛撞小狗的側腹，將牠從雜貨舖門口撞到街道上，再如閃電般跳上小狗的身軀連續撞擊。一再發出哀鳴的小狗，終於絕望地回過頭來啃咬吳爾夫。吳爾夫對小狗的啃咬毫不在意，只是繼續沉默地衝撞牠。事實上，吳爾夫根本沒視小黃狗為對手，甚至連發出咆哮聲都不屑。只是因為牠十分討厭小黃狗總在蘇西發情期頻繁在庭院旁徘徊，因此一有機會就以粗暴的手段來發洩鬱積已久的憤怒。

人們可在動物感到疼痛前，就藉由動物嘴角的特定部位來觀察牠的恐懼：嘴角緊繃向後，臉頰和口腔黏膜朝外露出直至嘴唇，形成暗黑色的陰影。當犬科動物露出了前述的表情，加上持續的哀鳴聲，即使是人類也能看出牠的無助。

吳爾夫的父親老吳爾夫來到我家前方的陽臺探望妻子珊塔和長大的孩子們。牠先和珊塔打招呼，雙方都擺了擺尾巴，珊塔愛憐地舔了舔牠的嘴角，溫柔地用鼻子拱了拱牠。老吳爾夫轉向開心挨近牠的孩子，先用鼻子輕觸，並試圖去嗅孩子的臀部時，孩子卻把尾巴夾在兩腿中間，老父親只好作罷。儘管小狗不怕父親，仍圓圓拱起後背撒嬌，用鼻子不斷蹭著父親，試圖舔父親的嘴角。老吳爾夫並沒有因此展現權威，而是盡可能保持一種尊貴的姿勢，不過似乎看起來有點僵硬。於是牠把頭轉向另一側，高高抬起鼻子不讓孩子碰觸。父親的無奈迴避似乎擋不了孩子的殷勤，父親的臉上微微擠出了不耐煩的皺紋。相反地，小狗的額頭平滑緊繃，眼睛凹陷處如裂縫般塌落。和珊塔問候老吳爾夫的方式如出一轍，小狗的神情動作酷似一隻順從的狗迎接主人的舉止。若以人類社會來比擬，小狗在畏懼和敬愛之間尋得一個折衷的辦法，讓自己得以親近父親。

吳爾夫的伴侶蘇西在村裡遇到了洛夫的兒子，後者是可麗牧羊犬（Collie）和德國牧羊犬（German Shepherd）的混種狗，一歲左右。最初牠誤將蘇西看成了吳爾夫，著實嚇壞了。

狗的視力不好，對於距離稍遠的物體只能分辨大致輪廓，碰巧吳爾夫又是一隻常在附近走動的鬆獅犬，所以蘇西偶爾會被誤認成牠那強悍的伴侶。這隻年輕的母狗之所以表現得如此傲慢，顯然是因前述的誤認導致其他狗對牠十分順從，而牠將此歸因於自己的凶猛所致。儘管吳爾夫的毛色呈金紅，而蘇西為藍灰，由此可見，狗在顏色識別度上也不佳。

讓我們回到洛夫之子遇見蘇西的瞬間，那可憐的小混種狗拔腿就跑，但很快就被蘇西追上。牠卑微地站在蘇西面前，耳朵低垂，前額開展，八個月大的蘇西傲慢地晃起尾巴。蘇西試圖聞小狗的臀部，小狗卻害羞地將尾巴夾在兩腿間擺動，隨即挺起胸膛和頭部。小混種狗此刻突然意識到眼前的狗並不是吳爾夫，而是另一隻漂亮的年輕母狗。於是牠伸長脖子，揚起尾巴，前腳跳躍著朝蘇西走去。小狗慢慢恢復了自信，但牠的表情和耳朵動作仍表現出對蘇西的尊敬；不過這股尊敬逐漸被一種我稱之為「禮貌的表情」所取代。「禮貌的表情」與「防衛表情」的唯一區別在於耳朵和嘴角的位置。

狗在展示「禮貌的表情」時，耳朵仍是向後平放，有時也會靠攏在一起；嘴角則和「防衛表情」時一樣向後撇，但不是埋怨般下垂，而是向上提起。在人類眼中，「禮貌的表情」和「笑」很相似。這種表情含有邀請玩耍的意味，此時下顎還會稍稍張開露出舌頭，嘴角則上提幾乎觸及眼部，「笑」的感覺越發明顯。狗和心愛的主人玩耍時，經常能看到這種「笑」，而且有時玩得興奮會開始喘息，所以這些面部表情也可能是狗因嬉戲情緒激動時喘息的先兆。狗與異性玩耍時也常露出

「笑」意，即使只是一般活動也會讓牠們興奮得氣喘吁吁，從這點來看，前述的推測應是正確的。

此刻，小狗對蘇西越發笑逐顏開，前腳更加用力地跳躍，接著突然撲向蘇西，用前腳推壓牠的胸部，再轉身跳開。牠的姿勢非常特別，後背仍謙卑地拱著，臀部朝身下縮入，尾巴緊緊夾在雙腿間。儘管態度看似羞怯，卻開玩笑般友好地跳了起來，尾巴持續在後腿間搖擺。小公狗跑了幾公尺後停了下來，又四處跑跳後猛地跑回蘇西面前，臉上帶著大大的笑容。這時牠已高高地抬起尾巴，使勁搖擺，牠的喜悅不僅表現在尾巴，身體也開始無所顧忌地晃動起來。牠又一次撲向蘇西，這一次明顯帶著些許性的意味，無奈蘇西不在發情期，對小公狗的示好毫無反應。

阿爾騰堡的某戶人家養了一隻名叫羅爾德的壯碩墨黑色紐芬蘭犬（Newfoundland Dog）。這家的小女兒在生日時收到了一隻兩個月大的漂亮小德國平犬（German Pinschen）。我親眼目睹了兩隻狗的初次見面。

小狗的名字叫奎克，是個傲慢的小傢伙，當牠看到一隻如山高的巨大黑毛球逐漸靠近時，生平第一次感到了恐懼。和所有驚慌的小狗一樣，當羅爾德探頭嗅聞牠的肚腹時，奎克仰身翻倒，嚇得尿了出來。羅爾德對小狗的慌亂外漏嗤之以鼻，牠慢慢轉身，邁著笨重的步伐走開，留下早已嚇呆了的小狗。然而就在下一秒，奎克快速起身向前行進，彷彿一個停不下來的自動機器人般在羅爾德腳邊竄進竄出，開啟一場奇妙的八字型路跑。小狗甚至頑皮地跳向羅爾德，邀請牠一起玩耍。心軟的小女兒幾度擔心衝突想抱開小狗，卻被想看狗兒打架的兄長阻止，急得她淚流滿面，直到看見大小狗融洽相處的場面才鬆了一口氣。

我之所以選擇前述六對狗的相遇作為不同案例，源於牠們各自獨特的個性。在真實生活中，狗和狗的互動包含了自信和恐懼、炫耀和遵從、攻擊和防禦等情感，以及相應的行動，當中有著無數的變化組合。正因如此，分析狗的行動反應變得十分困難；再加上狗的表情有時只能分辨出蛛絲馬跡，而且在某些場合，部分表情甚至和其他行為混合出現。因此，必須非常熟悉我所描述的各種行為模式當然還有許多其他表情），才能從狗的臉上判別出各種不同的表情。

騎士風範

犬科動物有一個特別可愛的習慣，即對母犬和幼犬保持騎士風範。這種習慣早在牠們有記憶前，就如烙印般存在於其中樞神經系統。正常的公犬絕不會咬同群裡的母犬，但母犬可以隨意對待公犬，例如輕咬或使勁地啃咬。然而公犬絕不可以報復，只能保持恭敬的姿態和「禮貌的表情」，並試圖將母犬的攻擊轉移成玩耍。為了維護雄性的自尊，也嚴禁採取最後的手段——逃走，一切都是為了在母犬跟前維持臉面。在狼群中，以及所有身上流有絕大比例狼血液的格陵蘭狗（Greenland Dogs）中，這種騎士風範只適用於同族的雌性；而其他血統的狗，卻多半對所有雌性一視同仁，即使對方非屬自己族類，也會展現前述的騎士風範；鬆獅犬的做法則處於兩者之間，當公犬和同種母犬在一起時，可能會對陌生的母犬態度粗暴。儘管我從未看過公鬆獅犬真正粗暴對待其他種族母犬。

如前所述，有些狗帶有絕大比例的狼血緣，這種狗和一般歐洲品種的狗在動物學上存在著一定的基本差異。如果如果需要案例證明的話，那麼據我觀察，這兩種狗之間存在著很強的敵意，而關鍵源自於牠們迥異的野生型態。例如鬆獅犬對於村裡從未見過的狗一般來說都富有敵意；相反地，混種狗則很容易將家養狗或澳洲野犬視為自己的同類。這些實例對我來說，遠比那些依據測量或計算顱骨與骸骨比例所得出的統計結果，更具說服力。我的觀點可以透過在社會行為的一些例外獲得驗證。對於不同種族的成員來說，由於彼此間並不認同，致使公犬並未尊重其他種族母犬和幼犬的「基本狗權」。

對於同品種或隸屬同社會體系的犬科動物來說，未滿六個月大的幼犬絕對不可侵犯。小狗常見的屈服姿態（例如在地上翻滾和撒尿）只會在初次和年長的狗見面時出現，目的是讓對方了解自己還是孩子。由於缺乏觀察和實驗，我們無法確定成年的狗是否只能藉此區別幼犬，抑或經由小狗的氣味也能區分。但可以確定的是，體格大小對於狗在區分年長的狗和幼犬上毫無關係。例如一隻脾氣暴躁的成年獵狐㹴（Fox Terriers）會把聖伯納幼犬當成一個無助的孩童對待，即使後者的體格足足是牠的兩倍大；另一方面，體形龐大的成年公犬則會毫不猶豫地和體形嬌小的成年公犬戰鬥，即使放在人類社會來看，這樣行徑並不符合所謂的騎士風範。我並不會斥責聖伯納犬、紐芬蘭犬和大丹犬（Great Dane）等大型狗這種行為，但我確實從未看過一隻性格良好的大狗會因體型而忍讓成年小型狗。

如果讓一隻威嚴且自信十足的公狗和一窩同母生的小狗一起玩耍的話，會出現非常罕見有趣，甚至是感人的場面。我家的老吳爾夫就十分適合這個實驗，牠的個性一板一眼，也不愛嬉鬧，因此當牠被迫去陽臺探望兩個月大的孩子和其同母異父的澳洲野犬兄弟時，就顯得非常尷尬。一般來說，五個月以上的幼犬對於年長的狗多少會心存敬意，但年紀更小的狗則完全缺乏這種尊重。於是，小狗們一見到父親前來便紛紛湧上，用尖尖的細小牙齒不斷啃咬父親的腳。只見老吳爾夫小心翼翼地輪流抬起腳再放下，好像踩在燙腳的鐵板上似的。這個可憐的老父親甚至不能咆哮，更沒想過要懲罰這些麻煩的後代。過了一會兒，脾氣不佳的老吳爾夫終於勉強參與了孩子的遊戲，但自此之後，牠再也沒有主動上陽臺看望那些年幼的孩子了。

遭遇母犬攻擊時，公犬也會陷入類似的困境。和前述情況一樣，公犬同樣抑制著撕咬或咆哮的衝動，那是因為牠們無法克制去接近充滿侵略性母犬的強大慾望。這種「衝突」夾雜著公犬對尊嚴的維護、對攻擊者尖牙的恐懼，以及對性的慾望，迫使牠們採取了在人類眼中頗為諷刺的行為。我之前描述「禮貌性行為」的遊戲部分，會讓年長的狗非常尷尬。當一隻強壯、不喜玩耍的公犬用前腳時而踏步或來回跳躍表達愛意時，即使是討厭比擬人類的研究者也不禁做出類比。這種情感表現會因母犬的回應而更加強烈；而母犬反倒以更傲慢的姿態對待公犬，因為牠們知道公犬必須容忍一切。

有一次，我和斯塔茜一起走訪灰狼的獸欄，見證了前述行為的經典案例。那是這樣一番場景：我和灰狼見面沒多久，牠便邀請我一起玩耍，我受寵若驚，欣然接受。一旁的斯塔茜覺得自己受到了忽略，因為我當時更關注灰狼。於是牠突如其來地襲擊了正和我玩耍的狼夥伴。母鬆獅犬教訓公犬時，會發出十分刺耳的叫聲並用特殊的方式啃咬對方。雖然母犬的咬法只會在皮膚表面留下齒痕，不像公犬打鬥時那麼激烈，但其力道之強勁也足以讓公犬痛得叫苦連連。

當時灰狼被咬得嗷嗷直叫，但牠仍試圖用順從和禮貌的姿態安撫斯塔茜。我自然不打算測試灰狼的騎士精神，所以我嚴厲地命令憤怒的母犬保持冷靜。我斥責斯塔茜是為了防止牠繼續攻擊性情溫和的灰狼，諷刺的是，我在十分鐘前還在籠外準備了一根鐵棒和兩桶水，以防灰狼襲擊斯塔茜時，我能出手相救。沒想到我竟見證了一隻身上流有純正狼血的野獸，因深受騎士精神影響而開始愛好和平了呢。

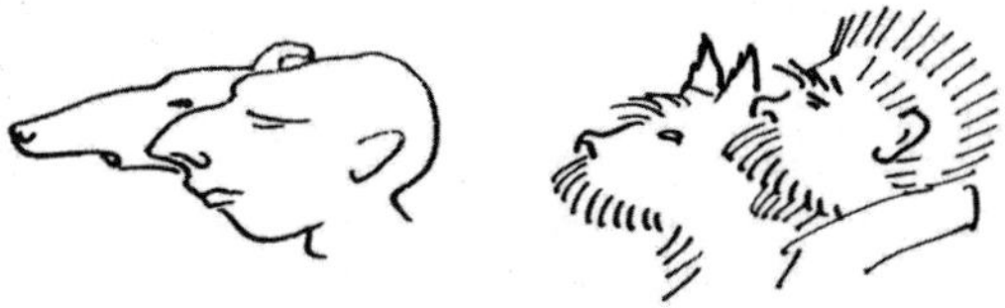

Chapter 6

主人與狗

主人對狗品種的選擇，以及後來與狗的關係發展能透露很多訊息。和人際關係一樣，明顯的互補性和很強的相似度通常會孕育雙方共同的幸福，就像老夫老妻總有一種近乎親人的類似特質。與此相同的是，主人和狗長年相處之後，也經常會有許多感人又富趣味的相似行為。

人們會因各種動機飼養狗，當然，並非所有的動機都是好的。在那些喜愛動物的人當中，尤其是愛狗人士，有些人因所遭受的痛苦經歷而對人類喪失了信心，於是渴望從動物身上尋求慰藉。每當聽到「動物比人善良多了」這樣的謬論時，我都感到悲哀不已。畢竟真相並非如此。

無可否認地，在人類身上很難找到如狗般的忠誠；但事實上，狗並不理解存在於人類社會中的道德與責任等複雜態度，牠們頂多能察覺到自己的喜好和責任間所存在的矛盾。也就是說，狗根本不明白許多人類犯罪的成因。從人類的責任感層面來看，即使是最忠誠的狗也欠缺是非與道德觀。

許多人認為，充分理解高等動物社會行為的人，就不會低估人和動物間的區別。相反地，我認為真正熟悉動物行為的人，才能欣賞人類在生物界獨一無二的位置。因為人類是——

神一切傑作的完成者。
不似匍伏地面野獸的殘酷，

而散發著理智之光。

我們從事研究的重點，在於人類和動物在科學上的比較，並承認物種起源說——並無貶低人類尊嚴之意。創造性物種進化的本質在於，產生了嶄新且較高等的特性，但這在物種進化的初級階段並未釋出任何訊息。當然，即使在今天，動物仍存在於人類生活之中，但人類卻不在動物的生活裡。

我們從體系的最低層，即從動物開始逐漸推移，最終可發現人類異於動物的本質，並理解人類在理性和道德倫理上的成就。在歷史的演化過程中，人類與高等動物各自的特性被明確突顯出來，而當中仍存在著很多共有特性。所以聲稱動物勝於人類的言論可謂對自然的褻瀆。對於那些支持以上言論、吹毛求疵的生物學家來說，此論斷意味著完全否認了生物界的創造性發展。

不幸的是，相當多的動物愛好者，尤其是關心動物保護人士，卻堅決擁護這種倫理上的危險觀點。對動物的愛，源於對生物界的博愛，這是最美好有益的；而這種愛最重要也最關鍵的是對人類的愛。只有了解這一點的人，在對動物付出愛情時，才不致出現道德上的危機。

由於對人性感到失望和憤怒，從而將對人類的愛轉移至狗和貓身上，是一種嚴重的錯誤，以及令人失望的社會倒錯行為。對人類的憎惡和對動物的愛，是極度不良的組合。當然，對於因某些理由而失去社會性接觸的孤獨者來說，在狗的身上獲得愛與被愛的渴望，是無害且合乎人性的需求；因為哪怕有一隻動物期待他返家，他即無須再品嘗孤獨的滋味。

什麼人養什麼狗？

無論從動物抑或人類的心理學角度來看，研究主人和狗間和諧的一致性是非常有益的，有時甚至很有趣。主人對狗品種的選擇，以及後來與狗的關係發展能透露很多訊息。和人際關係一樣，明顯的互補性和很強的相似度通常會孕育雙方共同的幸福，就像老夫老妻總有一種近乎親人的類似特質。與此相同的是，主人和狗長年相處之後，也經常會有許多感人又富趣味的相似行為。

當一位經驗豐富的養狗人依據特定品種或其他因素做出選擇，主人和狗的相似度就更強，因為這種選擇通常來自於對某種性格所起的共鳴。妻子的好夥伴——一隻母鬆獅犬，就是能引起主人「認同」和「共鳴」的典型例子。對此我也感同身受，熟知我們夫婦和養的狗的朋友，經常會在狗身上發現我們的影子，實在非常有趣。妻子的狗很愛乾淨，幾乎到了一絲不苟的程度，即使沒有任何提醒，也從來不踩進水坑，行經花壇和菜圃時，也會沿著中間狹窄的小路行進，絕不會隨意踩在泥土上。但我的狗，唉！總是在骯髒的地方四處打滾，然後將大量的泥濘帶回家中。

簡單來說，我和妻子之間的差異恰好反映在我們的狗身上。這也很大程度解釋了妻子挑選狗時，總是從眾多小狗中挑選出有著良好遺傳、謹慎、乾淨，有著貓一般性格的小鬆獅犬；而我總偏好如老牧羊犬媞托那般活潑、精力充沛且脾氣粗野的狗。進一步比較後還會發現，儘管擁有非常近的血緣關係，妻子的狗進食時很優雅，也很節制，我的狗卻總是狼吞虎嚥。為什麼會這樣呢？我也經常深感困惑，無從解答。

在我看來，擁有一隻和自己類似甚至在性格上能產生共鳴的狗，不僅使人心情愉悅，甚至感到滿足。人和狗的關係，其實就是由雙方「彼此相處愉快」的共識所支撐。不過，若是和前述情況截然相反的類型，情況就完全不同。

我曾在街上看到這樣一幕：一名面色蒼白、身形瘦弱的男子，面露憂愁且透著憤怒，衣著體面卻破舊不堪，戴著一副夾鼻眼鏡，似乎是一名公司職員。他牽著一隻看似營養不良的德國牧羊犬，這隻狗也是步履蹣跚，以一種十分挫敗的姿態亦步亦趨地跟著主人。男子手中拿著一根很粗的鞭子，如果他突然停下腳步，狗卻不及停下而超出了主人的步伐，他就用手上的鞭子猛擊狗鼻。他一邊打，臉上還露出了難以言喻的厭惡神情和神經質般的興奮。我當時差點控制不住自己上前和他大打一場，我十分清楚，這隻不幸的狗在牠那更加不幸的主人生命中所扮演的角色，一定和牠的主人在其上司生命中所扮演的角色如出一轍。

Chapter 7

孩子的親密伴侶

敏感的狗對自己深愛主人的孩子尤其溫和，就好像牠們知道孩子對主人的重要性一樣。所以，擔心狗會傷害孩子是十分荒謬的。相反地，如果狗對孩子過於容忍，甚至可能養成孩子的粗暴性格，以及缺乏體恤他人的惡習，尤其如果家中有聖伯納犬或紐芬蘭犬般體格壯碩、脾氣溫和的狗，父母更需審慎以對。

沒人敢拒絕你的令號，
我們竭盡身心的擁抱。
而此刻我們彼此知道，
這是無憾一生的回報。

——英國詩人　W・S・蘭德

很不幸地，我度過了一個沒有狗陪伴的童年。母親那輩人處於科學家剛發現細菌的年代，當時人們太害怕細菌帶來的死亡，連牛奶都因過度消菌流失維生素，以致於大多數富裕家庭的孩子都罹患了佝僂病。

我直到懂事，並展現出成熟的態度向母親發誓絕不會讓狗舔到之後，才獲准飼養我人生中的第一隻狗。很不幸地，這隻狗是個十足的傻瓜，導致我很長時間都沒有再養狗的欲望。我在前面章節中曾詳細描述這隻毫無個性的小傢伙——臘腸狗克洛基。

不過幸運的是，我的孩子都在狗的親密陪伴下成長。孩子還小的時候，家中養了五隻狗。我的記憶仍十分清晰的是，當孩子們在大牧羊犬肚腹下鑽進鑽出時，我那可憐的母親對此驚恐萬分。兒子開始學習走路時，總是先拽著媞托的長尾巴搖搖晃晃地站起來，才慢慢嘗試移步前進。媞托有著聖人般的耐心，常常停住不動任憑兒子拉扯，但當兒子一站起來、太早放開牠那疼痛不已的尾巴，牠會因如釋重負使勁搖尾，讓兒子被尾巴掃到踉蹌跌倒。

敏感的狗對自己深愛主人的孩子尤其溫和，就好像牠們知道孩子對主人的重要性一樣。所以，擔心狗會傷害孩子是十分荒謬的。相反地，如果狗對孩子過於容忍，甚至可能養成孩子的粗暴性格，以及缺乏體恤他人的惡習，尤其如果家中有聖伯納犬或紐芬蘭犬般體格壯碩、脾氣溫和的狗，父母更需審慎以對。

一般來說，狗很清楚如何避開難纏的孩子，這種避讓行為具有很大的教育意義。為什麼呢？一般來說，孩子會經由狗的陪伴獲得很大的快樂，當狗從他們身邊跑開時，孩子會相當失望，正因如此，孩子會從中理解到，若要和狗成為好夥伴，他們就得學會站在狗的立場和牠們好好相處。如此一來，孩子就有機會從小學習到尊重人和動物的正確態度。

每當我發現誰家的狗對於自家五、六歲大的孩子，可以毫不畏怯也不恐懼地親近時，便對這家人和孩子有了更高的評價。遺憾的是，我家附近的農家孩子對狗卻非常粗暴，我甚至不曾看過這一帶的男孩們有狗陪伴。儘管農家孩子對自家的狗都算友好，但男孩一旦群聚，總會有個「惡霸」成為孩子王。據我了解，奧地利低地農家附近的狗一看到當地的男孩接近都會逃之夭夭。當然，每個地區的情況未必如此。例如在白俄羅斯，經常可見一群約五到七歲年紀、一頭亞麻髮色的男孩和許多混種狗在村裡閒晃。狗群並不害怕孩子，反而展現出十分信任的態度。由此可大致看出孩子對狗展現的親和，而這種深厚親密關係的建立與持久，也是孩子學會善待動物的開始。

保護者的友誼與偏見

談到狗和孩子之間的友誼，我印象最深刻的是一隻巨大炭黑色紐芬蘭犬和我的姊夫彼得・普拉姆之間的故事。當時我還是個孩子，彼得則是我在阿爾騰堡時鄰居家的兒子，那隻名叫洛德的紐芬蘭犬是他家的看門狗，生性勇敢，忠誠且聰明。彼得是一個調皮卻懂得節制的男孩，一歲半的洛德來到阿爾騰堡後，選擇了這名十一歲大的男孩作為自己的主人。我至今也想不透為什麼，因為這類狗通常會選擇成年人，尤其是一家之主作為自己的主人。不過我想也許是「騎士風範」讓牠做出了這個選擇。彼得在家中四個兄弟中年紀最小，也是附近男孩女孩中最矮、最弱小的一個。當時孩子間非常喜歡玩一種印第安人的遊戲，經常製造噪音或爆炸聲，阿爾騰堡的森林完全不得安寧。每當大夥嬉鬧時，我和彼得總是眾人修理的對象，彼得更常是大孩子的箭靶（當中自然有其理由就不贅述）。然而在洛德出現後，一旦有人想修理彼得，這隻有如獅王般威嚴的黑壯狗兒會立刻將沉重的前腳壓在攻擊者的肩膀，露出鼻頭下雪白的大牙齒，同時發出管風琴般深沉的威嚇吼聲。彼得對洛德的忠誠讚賞有加，彼此簡直到了如膠似漆的地步。

但這也在一定程度上阻礙了彼得的教育，因為就連嚴格的家庭教師尼達麥耶先生也不敢對彼得太大聲。倘若嚴厲喝斥彼得，角落就會響起如雷聲般嚇人的低吼，接著一身黑亮的「獅子」踏著小步伐駕臨，尼達麥耶先生也只能聳聳肩離開。

母親也對我說過類似的故事。母親還小時，家裡養了一隻大而強壯的蘭伯格犬（Leonberger），屬於大型犬科動物。這隻狗也挑選了家中裡最小的女兒作為主人保護，和彼得的情況雷同，這位家中么女也是常被哥哥姊姊欺負的對象。

我對怕狗的人總存有偏見，即使是年紀幼小的孩童也不例外。雖然這種偏見並不公平，畢竟對於初次看到大型動物的孩子來說，出現緊張謹慎的情緒實屬正常。然而與之相反地，我喜愛那些不怕陌生大狗，同時知道怎麼和牠們相處的孩子，也是抱著相當合理的原因。因為唯有對自然和狗有一定程度理解的人，才能真正做到這一點。

我的孩子早在滿週歲前就是這樣的愛狗者，他們從不認為狗會傷害他們。也是出於這種態度，女兒阿古尼絲在她快滿六歲時便曾遭遇讓我捏把冷汗的場景。事情的經過是這樣的：阿古尼絲和哥哥散步回家途中，帶回了一隻巨大漂亮的德國牧羊犬。我當時判斷這隻狗約莫六、七歲，後來證實確實如此。狗跟著孩子們回來後，始終與孩子們十分親密，寸步不離。我輕撫牠時，牠乍看順從，但從牠輕微皺起的嘴角判斷似乎又不太樂意。但是牠對兩個孩子卻展現出奇妙的執著態度。在我看來一切非常離奇，難道這隻狗的精神有異常，不然怎麼會如此迅速對孩子們如此依戀？後來整件事終於有了一個合理的解釋。原來這隻牧羊犬相當神經質且害怕槍聲，原本住在河岸上游約十二公里外村莊，在一次喧囂鼎沸的教會祭典活動中，受餘興節目的打靶聲驚嚇而跑離家太遠，以致找不到回家的路。牠其實已經有兩個可愛的小主人，彼此關係十分親密，而兩個小主人無論在年齡或長相都和我的孩子很相似。這也是為什麼一開始遇見我的孩子，牠就瞬間被吸引且緊緊跟隨的原因。然而最初我並不知道箇中緣由，所以當孩子們央求我在原主人出現之前收留牠時，我帶著複雜的心情同意了。孩子們自然沒想這麼多，反而正為家中多了一隻如影隨形的漂亮大狗興高采烈。

不過事態逐漸變得複雜，家中的老吳爾夫雖然具有雄性狼犬的獨立與自信，卻也十分依戀兩個孩子，所以可以理解當新來者猶如諂媚的奴隸般吸引了孩子們的萬般寵愛時，老吳爾夫的自尊心受到嚴重打擊。不過在我對兩隻狗的態度一視同仁，以及新來者順從膽怯的個性之下，「戰爭」才暫緩爆發。但我仍擔心內心的顧慮成真，因此我一直小心觀察新成員的態度。

終究，「戰爭」還是爆發了。當時我在頂樓浴室後方的小房間裡休息，突然傳來了狗的激烈打鬥聲和阿古尼絲淒厲的呼救聲。我被驚醒後匆忙地跑下樓，一手還抓著褲子，就看到兩隻狗在門前大打出手，場面十分驚險。只見牠們下方伸出了一樣東西，仔細一瞧竟然是小女兒的腿，我大驚失色連忙衝上前各抓住兩隻狗的脖子，使盡力氣拉開牠們。只見阿古尼絲正臥躺在地上，兩隻手也緊揪著兩隻狗的項圈，試圖分開牠們。後來阿古尼絲告訴我事情的經過：她原本坐在兩隻狗之間，用手撫摸牠們，想增進牠們的感情。沒想到弄巧成拙，兩隻狗竟相互撲咬起來。混戰中阿古尼絲被撞倒在地，還被狗兒踩到，但她沒鬆過手，因為她腦中壓根兒就沒想過牠們當中任何一方可能會傷害她。

Chapter 8

選擇你的狗

人們本來就容易傷感，若長時間和同樣憂鬱且不時發出深深嘆息的動物待在一起，恐怕對大多數人來說都沒有好處。如同身旁友人的悲傷或喜悅會影響我們，一個總是散發平穩或愉快氣氛的人也能感染周遭的人。同樣地，一隻快樂的狗也是如此。因此，我認為一些彷彿詼諧人物的狗兒之所以大受歡迎，很大程度上歸因於人們對快樂的渴望。

我如何知道自己做出了正確的選擇？

——莎士比亞《威尼斯商人》

下決心總是困難，挑選適合自己的狗更是如此。對於初次養狗的人來說，選擇品種狗好？還是混種狗好？實在讓人難以抉擇。即使是經驗豐富的養狗者，也很難了解每個主人的喜好，或是滿足他們的期待。例如對於一位試圖尋求愛和陪伴的老年人來說，可能無法從個性自我的鬆獅犬身上找到慰藉。因為鬆獅犬並不喜歡主人的愛撫，當其他狗滿心歡喜地撲向剛返家的主人懷中時，牠可能只會高傲地搖搖尾巴作罷。

如果希望自己的狗深情溫柔，常將頭靠在主人膝上，以琥珀色眼睛仰頭凝視主人，那我推薦雪達犬（Setter）或類似的長毛、長耳品種。不過我個人認為這種狗太過憂鬱，尤其在多事之秋，人們本來就容易傷感，若長時間和同樣憂鬱且不時發出深深嘆息的動物待在一起，恐怕對多數人都沒有好處。如同身旁友人的悲傷或喜悅會影響我們，一個總是散發平穩或愉快氣氛的人也能感染周遭的人。同樣地，一隻快樂的狗也是如此。

因此，我認為一些彷彿詼諧人物的狗兒之所以大受歡迎，很大程度上歸因於人們對快樂的渴望。例如西里漢㹴犬（Sealyham，英國威爾斯的一種白色小型狗）生性喜歡熱鬧且忠於主人，能撫慰陰鬱的人的情緒。當一隻歡樂有趣的小傢伙蹬著毛茸茸的短腿，如一團圓球滾動般跑近人們身旁，然後抬起頭，用天真調皮的眼神望向主人、邀請主人一起玩耍時，又有誰不會被牠逗樂呢？

野性的魅力

儘管如此，狗畢竟不只是人類的伴侶。如果想尋找一隻保有更多天性的狗，那麼我推薦一種完全不同類型的狗。事實上，我自己比較偏愛那些依然保有野性的狗，例如我家的鬆獅犬和混種牧羊犬，不論在身體或心理上都和牠們的野生祖先非常相似。

狗在馴化過程中若體形變化得愈少，其野生捕食者的天性就留下得愈多，對我而言，這類狗的友誼特別可貴。有鑑於此，我並不希望狗因訓練而喪失太多本性，即使會帶給我許多麻煩並為此付出較高的代價，我也寧願牠們保留下野生的狩獵本能。如果狗像溫馴的小羊般連蒼蠅都不敢抓的話，我可不放心將孩子託付給牠們守護。不過在一次可怕的事件後，我對此有了新的體認。

在一個寒冷的冬日，一隻鹿闖進了積雪覆蓋的庭院，被我家的三隻狗活生生地捕殺且撕裂成好幾塊。我看著殘缺的鹿屍驚恐萬分，突然意識到我似乎太過信任這些嗜血動物對鮮活生命的控制力了。當時孩子們還小，比起躺在雪地上血淋淋的鹿更不具任何防禦能力，而我竟然將如此脆弱的小生命託付給這些獠牙尖利如狼般的狗來照顧，如此想來實在令人心驚。

不過，狗攻擊主人的孩子是相當罕見的，我完全不認為一隻心理健康的狗會做出這種事。話雖如此，一些神經質的大型品種狗（混種狗偶爾會如此）有時也會因嫉妒心理釀成慘劇。我曾聽過一個駭人聽聞的真實故事：一隻混種㹴犬原為主人家的嬌寵寶貝，直到家中的嬰兒出生後牠就被鎖了起來。有一天，牠趁嬰兒沒人照護時朝嬰兒車猛撲過去，嬰兒不幸遇害。不過，只有心理上極度幼稚的狗會因嫉妒闖下大禍，而我鍾愛的狼狗不僅不會嫉妒嬰孩，反而常以保護者自居。這也是我如此喜歡這種狗的原因之一。

然而，這都是我的個人喜好，並非每個人都喜歡野性十足的狗。例如狼狗敏感、獨立且具排他性，並不容易訓練，唯有非常了解狼狗的人才能引出牠們深具魅力的潛質，並從中獲得真正的快樂；其他人則可嘗試從善良的拳師犬（Boxer）或萬能㹴（Airedale Terrier）身上獲得撫慰。這道理就好比攝影初學者，與其配備精密複雜的器材設備，不如先以簡單的相機拍出好照片。

並不是說我較輕視心性單純的狗，相反地，我也非常喜歡拳師犬和大型㹴犬，牠們的勇氣和深情，即使是笨拙的訓練者也難以破壞。在此我必須先聲明一點，我對於各種狗所描述的特性僅具通則性意義，畢竟任何事都有例外。這種通則就好比我們對英國人、法國人、德國人性格的大致看法一樣。比方說，我也見過非常敏感的拳師犬和毫無性格可言的鬆獅犬，也見過果斷獨立的西班牙小獵犬（Clumber Spaniel）。我的藍毛蘇西性格則深受德國牧羊犬血統影響，對我所有的親友都很友善，亦不同於其他鬆獅犬般冷淡。

養狗六誡

對於新手主人來說，比起任何積極的選狗建議，告誡他們哪種狗不能養，或是狗的哪些不良癖好應該被糾正，更來得必要。但在我提出前述注意事項前必須要讓讀者理解，提出忠告的目的並非要讓想養狗的人打退堂鼓，因為有狗一定比沒狗好，即使有些新手並未依循忠告，還是可以從狗身上獲得許多快樂。但是我敢保證，主人若願意按我的話去做，必定能獲得更多的樂趣。

我的第一項忠告就是：選擇身心健康的狗。如果你在幾隻狗中游移不定，那麼最好挑選當中最強壯、最胖或最活潑的那隻，三種屬性都具備就更完美了。當然，母狗一定比公狗來得輕，這點也必須列入考量。如果小狗的父母或同胎的其他小狗都不是很活躍，也盡量避免從中選擇。若是傾向外國的品種狗更需注意，由於原產地以外地區缺乏好的個體數，近親交配情況十分氾濫，所以血統愈不純正愈好（反正證明書都只躺在家中的抽屜裡）。

最重要的是，最好挑選活潑卻非過度興奮或精神高度緊張的狗。正如我將在下一章說明的，我並不贊同養狗者過度關注狗的外表而忽視其智力，因此我奉勸新手不要特意購買血統「相當優良純正」的狗。與其選擇血統中曾出過八隻冠軍犬的狗，還不如選擇混種狗，後者在神經質或智能上有問題的比例會低得多。但若是德國牧羊犬，我建議養純種狗。

在此之前，有意養狗的人應該先考慮自己的神經能承載多少壓力。例如像剛毛獵狐㹴那樣好動且容易興奮的狗，容易讓神經質的人心煩不已。在考慮狗的體形大小與房屋、公寓面積的同時，也要考慮到狗的性情；敏感的雪達犬非常喜歡凝視主人，所以比起心浮氣躁的㹴犬更能忍受都會生活的狹小空間。不過，只要選擇了適合自己的狗，並充分訓練牠，即使在較小的公寓裡養一隻大狗也沒有問題，只要一天兩次在有新鮮空氣的戶外散步二十至三十分鐘就足夠了。

喜歡狗卻對其知之甚少的動物愛好者常犯的錯誤是，選擇一隻初見面時表現得非常友好的狗。這可能意味著你選了一隻諂媚的狗，等到後來發現這隻狗對所有陌生人都像主人那般親切，相信主人不會太過高興。當初我在九隻毛茸茸汪汪亂叫的小狗中選中蘇西，主要原因是當我這個陌生人抱起牠時，牠的聲音因憤怒而格外響亮。

如我之前提到的，諂媚是狗的最大缺點，這來自於小狗對所有人和成年狗一味地撒嬌和奴性所致。對幼犬來說雖是很正常的表現，不應該受到譴責；若成年的狗還是如此反倒成了缺點。遺憾的是，我們無法預知熱情愛玩的幼犬長大後是否會變成一名奉承者，也無法確認牠們是否能學會對陌生人保持必要的冷漠。

在考量此因素的情況下，最好在小狗出生約五到六個月後再決定是否飼養，這對西班牙小獵犬或其他長耳獵犬尤其適用。不過，鬆獅犬很小就具有這種排他性格，八至九週大時就有明顯的獨立性。因此若已對小狗的父母有所了解，或確定小狗已具獨立性格，我建議盡早帶回飼養。也就是說，在不對小狗造成傷害的前提下，最好早點讓小狗離開母親，但必須提供小狗充足的食物並經常餵食牛奶和肉類，也可適量提供魚肝油等提升免疫的保健品。

狗被收養時的年紀愈小，對主人的情感依戀就愈牢固。等到小狗長大後，主人回想起養狗所付出的艱辛時，反而會格外欣喜。這樣甜蜜的回憶足以補償那些被咬壞的鞋子和家具。

最後一項忠告來自我的個人經驗，採納與否讀者可自行斟酌。如果可能的話，最好養母狗，母狗比公狗性格更理想，相信經驗豐富的養狗者也會同意這點。

我曾在阿爾騰堡的家中養了四隻母狗：我的德國牧羊犬媞托、妻子的鬆獅犬佩吉、弟弟的臘腸犬凱西和弟媳的鬥牛犬。父親養了一隻公狗，公狗卻常因提防討厭的求偶者而總在家附近徘徊。有時佩吉和凱西會同時處於發情期，卻不會外出交配，這是來自佩吉對家中另一隻公狗布比的忠誠；臘腸犬則因體形太小，不容易在鄰近村莊找到交配對象。

我們帶著兩隻狗在多瑙河畔散步時，已經習慣被一群陌生公狗尾隨。有一次穿越村子，我更為身後跟隨者的數量所震驚，數了一下，除了家裡的五隻狗，還有多達十六隻狗追隨身後（加起來共有二十一名「保鏢」），我忍不住苦笑。

在本章最後，我想再重複一次我的建議：母狗比公狗更忠誠，思維也更細膩、豐富和複雜，智力則普遍較高。我熟知許多狗，甚至可以確定地說，在所有動物當中，母狗在辨別事物和區分情感的優秀能力和人類最為接近。但遺憾的是，英語世界卻將母狗的名稱視為具汙辱意味的詞彙，實在令人費解。

Chapter 9

控告主人

養狗時，我們不可能指望牠們同時擁有完美的外表和良好的心理素質，這確是令人遺憾卻無法否認的事實。符合前述兩項條件的狗極其罕見，即使借其繁衍後代也並不容易。就像我想不起哪位偉大的智者還兼具希臘美男子阿多尼斯的容貌一樣。

在自然界，只有心靈的瑕疵才是瑕疵。

——莎士比亞《第十二夜》

馬戲團的狗一定有很高的智力才能表演複雜的特技，但牠們絕大多數是混種狗。這並不是因為「貧窮」的馬戲團團長買不起品種狗（馬戲團裡身懷絕技的狗價格更驚人），而是要讓狗進行精采的表演和外表幾乎無關，良好的心理素質才是關鍵。混種狗之所以更適合，不僅僅是因為牠們更高的智力和學習能力，最重要的是，牠們不容易出現神經質或緊張的情緒。換句話說，堅強的性格使牠們得以承受更大的精神壓力。

外在和心智的兩難

所有陪伴過我的狗當中，只有一隻品種狗能登臺亮相，牠叫賓果，是一條高貴的德國牧羊犬。牠是一隻性格完美的貴族犬，然而在情感的深度與感受性，以及心理素質上，牠完全無法和我那毫無血統證明且平凡無奇的牧羊犬媞托相比。此外還有我的法國鬥牛犬普里，牠雖然是一隻品種狗，卻沒有品種狗的外表：牠的塊頭太大，頭腿都太長，後背太直；總而言之，就法國鬥牛犬來說，牠的外貌完全談不上理想。但我深深確信，在同種狗的冠軍犬當中，絕對沒有任何一隻狗的智力能比得上我的普里。

養狗時，我們不可能指望牠們同時擁有完美的外表和良好的心理素質，這確是令人遺憾卻無法否認的事實。符合前述兩項條件的狗極其罕見，即使借其繁衍後代也並不容易。就像我想不起哪位偉大的智者還兼具阿多尼斯*的容貌一樣。

我從沒想過把任何長相出眾的冠軍狗擁為己有。儘管我常感到困惑，外表和心理在本質上並非背道而馳，但為何具備完美外形的狗卻無法同時擁有良好的心理素質？的確令人費解（不過要在其中一項臻至完美的狗原就少見，如果希望一隻狗身上擁有兩項完美的條件，更是如登天難吧）。

---

* 譯注：Adonis，希臘神話中的美男子。

養狗的人也很清楚，要讓狗擁有這兩種完美特質實屬困難。就如同飼養鴿子，人們在飼育狗時，早已將牠們分為「觀賞」和「實用」兩種類型。到目前為止，「觀賞」和「實用」的鴿子已然變成了完全不同的種類，而我認為德國牧羊犬也有同樣的趨勢。在英國，一些神經質且習性不佳的德國牧羊犬帶來不少惡名，性格也遠遠不如理想典型，和對人類社會有益的實用型德國牧羊犬大相逕庭，所以如今人們已將兩者視為完全不同的犬種。

早年，人們更加注重狗的實用性，因此在挑選種犬時，絕不會忽視智力因素。另一方面，完全以實用為目的的狗種也常暴露出其性格上的缺陷。一位研究狗的權威學者認為，某些類型的獵狗之所以缺乏對單一主人的忠誠，主要歸因於牠們的「職業」。這類狗的挑選標準在於牠們的嗅覺靈敏度，因而欠缺忠誠度的狗也很可能雀屏中選。此外，狩獵愛好者或獵人常把追捕受傷獵物的任務交給臨時雇來的助手，而對一隻優秀的獵狗來說，牠們也必須像忠於主人般為這些人工作。

當無聊愚蠢的流行風潮開始影響狗的裝扮與造型時，問題變得越發嚴重了。在把狗兒打造得「時尚」的過程中，一些狗被迫藉由交配讓外形更符合現代人的審美觀，使其原本具備極好的精神特質被破壞殆盡。

只有在世界的某些角落，尚未受時尚文化與現代社會干擾的狗才得以倖免於難，例如英國蘇格蘭的柯利牧羊犬（Scotch Collie）仍保留著優良品種的特性。但在二十世紀初，這種狗由於廣受歐洲人歡迎，致使其精神特質遭受了嚴重的破壞。

同樣地，在聖伯納修道院和該院修士在中國西藏建立的分院中，仍有一些純正血統的聖伯納犬。然而在中歐，我只看見了心智退化的同種狗。儘管有人仍嘗試培養「現代化」優良品種，卻無異緣木求魚。

許多對狗的品種與外型懷抱完美主義的養狗者，不僅極不願意飼育未達其標準的狗，更不認為飼育徒有優美體形卻缺乏心智的狗甚至販賣牠們的後代，是不道德的行為。我想告訴許多喜愛動物的讀者，也是我為之寫這本書的人們，請相信一點：無論您目前擁有的狗在外形上多麼完美且令人驕傲，但隨著時間的推移，外在的優勢都會消失；然而在心智上的缺陷，例如神經質、惡習和怯懦等令人頭疼的特質，卻會隨時間越發突顯。從長遠來看，聰明、忠誠、勇敢卻無任何血統的狗所能帶給你的快樂，遠比一隻花大錢買回來的品種狗多上許多。

如前所述，養狗者確實可以在狗的外在和心智上做出妥協性的選擇。而事實上，品種狗在成為時尚的犧牲品之前，仍保留其最初的良好特質。由此可知，狗的展覽與比賽本身即有一定的危害。

英國的養狗史可以追溯至中世紀，如果回顧該年代的狗照片，並和今日的同種狗對比，會發現後者簡直宛如前者的拙劣畫作，尤其是近二十年來廣受歡迎的鬆獅犬更是如此。

一九二〇年代，鬆獅狗擁有明顯的野生性狀：尖尖的口鼻、歪斜的眼睛、朝上直豎的雙耳，和格陵蘭雪橇犬、薩摩耶犬、哈士奇（Huskies）等擁有狼血統的狗十分相似，展現出迷人的特質。然而，現代人在飼育鬆獅犬上卻過度誇大了外表的特徵，導致現代鬆獅犬看起來像一頭胖嘟嘟的熊，寬短的臉鼻像馬士提夫犬（Mastiff），整張臉孔被壓迫，眼睛也不再傾斜，耳朵則幾乎藏進那過於厚長的皮毛中；牠們的性情也發生了變化——原本喜怒無常仍保有野性的動物，已然變成了肥短粗胖的玩具熊。所幸我的鬆獅犬並未淪落至如此，牠們仍保有德國牧羊犬的優良品性，根本不把飼育專家的公式放在眼裡。

蘇格蘭㹴犬（Soctish Terrier）也是我非常喜歡的狗，我對於牠因現代飼育方式而智力退化感到相當悲哀。三十五年前，我養了一隻叫阿莉的蘇格蘭㹴犬，當時這種狗非常忠誠，我之後養的狗當中，沒有任何一隻能像阿莉一樣勇敢地捍衛主人，甚至不顧自身安危與敵人拚鬥，只為在危難中拯救主人；不過也沒有任何一隻像阿莉一樣得讓我經常從狗爪下援救貓咪，因為牠為了追貓甚至爬上了樹！

有一次，阿莉追趕一隻貓。貓輕巧地爬上一棵稍微傾斜的李子樹的樹杈上，離地約人的肩膀高，只見阿莉一下就跳了上去，於是貓被迫再爬了一公尺多到更高的樹枝上，阿莉也一口氣跟上。突然間，阿莉一個踩滑，差點倒栽蔥從樹上掉下來，幸虧下腹被下方的樹枝夾住才免於墜地。牠頭朝下懸掛了一會兒，費了一點工夫重新在樹枝上站穩，並開始朝距離牠約一公尺遠的細枝上的貓猛吠。接下來不可思議的一幕發生了：阿莉繃緊全身的肌肉，猛地朝那不可能承受牠體重的細枝撲去，儘管牠無法踩在枝上，卻抓到了幾秒前仍死命抱住枝幹的貓。最後雙方都從三公尺高的樹上跌落地面。我趕緊上前救貓，而阿莉儘管狠狠跌了一跤仍不肯善罷甘休。結果貓兒無恙，阿莉卻因肩膀先著地導致肌肉扭傷，幾個星期都瘸著走路（狗和貓不同，不能靈巧地在空中旋轉身體，用腳著地）。

這是三十五年前蘇格蘭㹴犬的風格，阿莉只是眾多中的一隻。如今，每當我漫步在維也納這座以「愛狗」著稱的城市街頭時，看到那些舉止優雅、毛髮如烏木般亮麗的蘇格蘭㹴犬，總是感到萬分沮喪。我知道，我那毛髮蓬亂、一隻耳朵因受傷而傾斜的阿莉，絕不可能有機會和這些保養得當的美狗們在展場上一同亮相。不過我也知道，那些美狗肯定比看見阿莉就四竄逃跑的狗兒更為卑躬屈膝。

當然，現在仍有毫不畏懼聖伯納犬，或是遇到對主人惡語相向的魁梧男子依舊毫不猶豫撲上去的蘇格蘭㹴犬，但這些狗已所剩無幾。因此我想請教真正關心狗的未來的養狗人士：與其飼養毛髮經人工修飾展現勻稱體態的狗，是否值得嘗試一次看看，飼養那些外在並不理想卻勇敢忠誠的狗呢？

Chapter 10

停戰協定

在當時，我首度意識到一個令人難過又覺安慰的事實—— 即野獸的殺戮行為和憎惡毫無關連。野獸對於想殺死的動物不抱任何恨意，就像我看待晚餐桌上香噴噴的火腿一樣，唯一出現的僅有愉快的感覺。

即使是獵狗，也可以輕易地訓練牠們不去招惹家中的其他動物。有些狗生性喜歡追逐貓，無論教訓多少次，依然在庭院和街道上演狗捉貓的遊戲。儘管如此，倘若訓練得當的話，還是能讓這些棘手的傢伙和家裡的貓或其他動物和平共處。

因此，我養成了一個習慣。當我收養新成員時，會在書房中將牠們介紹給家中的狗認識。我不知道為什麼我的狗在家中幾乎沒有肅殺之氣，但可以確定的是，牠們根本不想在家裡玩追捕遊戲，更不用說狩獵欲了。不過，牠們對於任何膽敢走入我房間的陌生狗兒，都特別具有攻擊性。我沒有機會觀察其他人的狗是否也如此，因為原則上，我從不帶我的狗去其他養狗人家裡。這也是為他人考慮，不僅是因為狗打架常使多數人神經緊繃（我自己倒不擔心，因為我的狗通常是獲勝的一方），而是一旦有陌生狗來訪，家中公狗的反應通常會令主人頭疼不已。

狗抬起腿時的姿勢有著非常明確的含義，正如夜鶯的歌聲一樣，意味著對自己的地盤做記號，同時也警告牠者切勿前來侵犯。幾乎所有的哺乳動物都藉由氣味劃分地盤，畢竟嗅覺是牠們最強的感官能力。

訓練有素的狗不會在家裡做記號，因為家裡的空氣早就瀰漫著牠和主人的氣味。但是，一旦陌生的狗或宿敵跨入門口，哪怕只在剎那間，狗的自制力也會轉瞬消失。在前述情況下，即使是訓練有素的狗也會認為自己有義務灑些濃縮的液體記號，以驅散敵人的氣味，而這也將讓主人大驚失色，原本乾淨且訓練有素的狗兒開始繞著整間屋子，對著屋中一件件家具抬腿撒起尿來。正因如此，當你打算帶自己的狗進入其他養狗人家前，請三思而行。

古老血統的狩獵習慣

我的狗在家中的和平主義精神，只適用於潛在的獵物或不同種的動物。這可能是動物界中非常普遍的行為反應，或者確切來說是一種適度展現的抑制能力。眾所周知，鷹和其他猛禽不會在自己的巢穴附近捕獵。例如鷹巢附近可以找到木質的鴿巢，巢中還有剛長成的雛鴿；麻鴨（Shelduck）會在狐狸的巢穴中築巢並孵育後代；也有研究指出，野狼不會傷害巢穴附近的小獐鹿（Roe）。我想正是來自這種行之多年的「停戰協定」，使得狗能和家中其他動物和平相處。

可是光靠狗的抑制力未必保險，還須採取強硬措施，才能讓一隻執著於狩獵且精力旺盛的狗直正理解到，家裡的貓、獾、野兔、老鼠或其他動物都是家中的一分子，絕對不能獵食。換句話說，這些動物是神聖且絕對的禁忌！

多年以前，我在家中養了第一隻小貓，名叫托瑪斯。當時，普里是家中最喜愛追逐貓的狗，我清楚記得當時是如何教普里不要招惹托瑪斯。清晰的回憶宛如昨日往事。當我抱出小貓時，普里一個箭步衝了過來，從鼻部和喉頭深深地發出了一種罕見而獨特的聲音，並飛快地搖著尾巴，以為這隻小貓是我給牠帶回的玩具。

這種想法的確其來有自，因為我過去也常送牠舊的泰迪熊或絨毛狗之類的玩具。牠和這些假獵物共同表演的滑稽姿勢帶給我們許多歡樂，但這次令牠大失所望了。我很明確地告訴普里，絕不能碰這隻小貓。由於普里擁有難得的好脾氣，也很聽話，我一點也不擔心牠會無視我的命令去騷擾小貓。因此，當牠小心翼翼地靠近小貓，並聞遍小貓全身時我也沒出面干涉，儘管那時牠已經因激動而渾身戰慄，頸部和肩部的黑毛豎起，露出皮膚上的黑色斑點，黯淡的光澤散發著危險的氣味。

普里並沒有對小貓出手，不過仍時不時望向我，用鼻部發出低沉撒嬌的抱怨聲，尾巴如風扇般搖得飛快，四條腿上竄下跳又原地踏步。我知道牠已經準備好展開追逐這個漂亮新玩具的遊戲了。我慢慢提高聲音，豎起食指，堅定囑咐牠：「不行！」牠疑惑地看了我一眼，彷彿懷疑我在開玩笑，隨即輕蔑地瞧小貓一眼，假裝表現出不感興趣的樣子。之後牠垂下豎起的耳朵，發出法國鬥牛犬般的長嘆，跳上沙發，蜷縮成一團，完全無視這隻小貓。

就在同一天，我把牠們單獨留在家中數小時，我知道我可以完全信賴我的狗。當然，這並不是說普里追逐貓的欲望已然平息了。相反地，每當我關注小貓，尤其是抱起小貓時，普里就一改冷淡的態度，興奮地跑來，瘋狂搖擺尾巴，四隻腳使勁地原地踏步。牠看著我，臉上的期待表情就像牠飢腸轆轆時看到我捧著香熱燙口的食物進屋一樣。

那時我還年輕，對於這隻異常興奮的狗的表情留下了深刻的印象，因為牠的表情隱隱透著將小貓撕成碎片的渴望。我對狗的憤怒表情早已司空見慣，也很熟悉牠們憤怒時的舉動，然而在當時，我卻首度意識到一個令人難過又覺安慰的事實——即野獸的殺戮行為和憎惡毫無關連。野獸對於想殺死的動物不抱任何恨意，就像我看待晚餐桌上香噴噴的火腿一樣，唯一出現的僅有愉快的感覺。

捕獵過程中，掠食者不會把獵物當成自己的夥伴或親人。倘若讓獅子相信捕食的羚羊竟是自己的姊妹，或讓狐狸相信兔子是牠的兄弟，相信牠們的驚恐程度絕不亞於人類察覺自相殘殺時的反應。唯有當「殺手」不知道獵物為同類時，才能殺害這些動物卻毫無罪惡感。一直以來，人類總是妄想尋找去除罪惡感的方法。試圖忘記自己所殺戮的對象是自己的同類；或在潛意識中說服自己，敵人是比殘忍的瘋狗還不值得同情的惡魔。這簡直就是自欺欺人。

美國作家傑克·倫敦（Jack London）在一篇以北極為背景的小說中，用驚人的寫實手法描寫獸群的「無辜的貪婪」。書中的主人翁在用盡最後一顆子彈後被狼群追逐，逃亡的精疲力竭讓他在將熄的火堆旁打起了瞌睡，幾分鐘後驚醒發現狼群已逼近身旁。此時他完全看清野狼的表情，牠們原本凶暴的神情已經消失，也不見因憤怒而生的鼻間皺紋和眼神露出的殘酷，並收起了可怕的獠牙，原本平放的耳朵轉而豎起；狼群不再發出咆哮聲，只是睜著大大的眼睛安靜地圍著主人翁。狼群的「友好」表情給人一種眼前不是狼，而是狗的錯覺。直到主人翁發現其中一匹狼開始不耐煩地來回抬腳，同時伸出舌頭舔嘴唇時，才驚駭地意識到隱藏在「友好」表情下令人毛骨悚然的意圖。此刻在狼的眼中，主人翁已不再是具威脅性的危險敵人，只是一頓可口的佳餚。就像我前面提到的餐桌上的美味火腿。我敢肯定，如果有人在我品嚐晚餐時為我拍照，我的神情也一定非常「友好」。

即使過了數星期，我也敢打包票，只要我有絲毫放鬆的跡象，普里肯定會馬上殺了這隻小貓。但只要沒有得到我的許可，普里不僅不會打擾小貓，還會盡力保護牠不受其他狗的騷擾。這不是因為普里喜歡小貓，而是因為牠認為「如果自己都不能在家中殺死這個小傢伙，那麼其他的狗肯定也不行！」

不過打從一開始，小貓就毫不畏懼普里，這點也證明了貓在本能上無法理解狗的面部表情。倘若是我或其他熟知狗表情的人，可能會被普里那極度壓抑的貪婪目光嚇到。然而小貓卻絲毫沒意識到危險，還不斷嘗試邀請普里和牠一起玩，不時從牠身旁經過，或是招惹牠來追逐自己。牠有時還會諂媚地靠近普里，再突然跑開，期待普里追趕過來。每當此刻，我那善良的小鬥牛犬就得努力克制自己，有時還因盛怒而渾身顫抖。我非常確信，儘管貓和狗的面部表情十分相似，但貓若從來沒受過狗的教訓，根本無法理解狗的表情動作。貓如果和同屋簷下的狗保持親密關係，那麼牠往往對陌生的狗也會十分信賴，而這有時會為貓招來殺身之禍。我經常看到貓以不知天高地厚的純真眼神盯著狗，最終招致狗無情的攻擊。同樣地，一隻和同屋簷下的貓相處和睦的狗，也很難認清其他貓的憤怒表情，除非牠有過前車之鑒。因此，如果你指望貓能辨識狗的憤怒表情，並以相同的憤怒回擊，無異痴人說夢。

有一次，我帶著七個月大的鬆獅犬蘇西去拜訪朋友。朋友家有隻大波斯貓，一見到蘇西便拱起脊背凶狠咆哮。蘇西一點也不害怕，繼續向前走，邊搖著尾巴邊豎起好奇的耳朵。和平常與友好的狗打招呼一樣，蘇西朝這隻貓試探性地伸了伸鼻子，只見波斯貓狠狠地亮出爪子向蘇西揮出貓拳，朝牠那銀灰色的鼻子重重地打下。不過蘇西沒有發怒，只是打了個噴嚏，用胖胖的前趾摸了摸鼻子後轉身走開。

又過了幾個星期，普里對小貓的態度開始發生變化。我不知道這種情感變化是突然發生的，還是兩隻動物在我不在家時慢慢培養出的友誼。有一天，托瑪斯再次害羞地接近普里，又隨即掉頭就跑。讓我驚嚇不已的是，普里也突然跳了起來，一副怒不可抑的模樣追趕躲在沙發後的小貓，牠的大腦袋使勁地往沙發下鑽，對於我慌張失措的大聲斥責，也只是殷切地搖著尾巴。這個動作並不意味著牠會友好地對待這隻貓，因為當牠緊咬敵人身軀時也是如此熱烈地搖尾。嘴上恨不得將對方撕成碎片，尾巴仍友善地搖擺，這是多麼複雜的大腦機制。我們或許可以這樣解讀行為背後的話語：「親愛的主人，請不要生氣，很遺憾我眼下不能放過這卑鄙的傢伙，即使你事後狠揍我一頓或澆我一桶冷水，我也在所不惜。」

不過，當時普里搖尾的方式和平常應對敵人時不同。最後，普里還是服從了我的命令，從沙發鑽出來，接著托瑪斯跟著像炮彈一樣衝出，猛地跳向普里，一隻爪子抓著普里的脖子，另一隻抵著普里的臉，同時費力地從下方把小臉往上伸，試圖咬牠的喉嚨。此時此刻，我眼前浮現了一幅酷似名動物畫家威廉·庫納特（Wilhelm Kuhnert）的畫作，畫中一隻獅子用同樣的動作殺死了一頭水牛。

此時，普里也玩了起來，牠的動作像極了畫中那頭受害的水牛。在托瑪斯小爪子的拽拉下，普里的前半身重重地摔在地上，牠在地上滾了一圈，發出了逼真的垂死喘息聲——這種聲音只有快樂的鬥牛犬或即將死亡的水牛才發得出來。普里玩夠之後立刻跳了起來，將小貓搖晃下來。小貓隨即向後跑了數公尺遠，然後翻了個跟頭（後章有詳細說明）乖乖束手就擒。

這是我有生以來目睹過最精采的動物遊戲。一隻肌肉發達、皮毛黑亮的狗和一隻柔軟的灰虎斑小貓，無論在外形或動作上都形成了一副極端對比的有趣景象。對此有一個十分有趣的科學觀點，即貓科動物在和比自己更巨大的玩伴嬉戲時所出現的一連串特殊動作，目的是為了捕殺牠們，而非只是打鬥。我見過貓在嬉戲和打鬥時的不同表現，而前者的動作在真正的打鬥中絕不會出現。至於攻擊者以趾爪掐住獵物脖子，並從下方咬住獵物咽喉，表示獵物的體型必定大於攻擊者。不過，家貓和牠們的野生祖先並沒有殺死巨大獵物的習慣。之所以產生這種有趣常見的現象，可能是類緣動物群中常見的，來自古老血統傳承的諸多動作卻失去其原有功能所致。這種現象日後成為一種遺傳性狀，只在遊戲時才會顯現出來。

托瑪斯死後多年，我才再次看到貓在玩耍時表演的「殺水牛運動」。這次扮演獅子角色的是一隻有著銀色斑紋的大公貓，牠是我一歲半女兒達格瑪的好朋友。大公貓性情暴躁，唯獨對我女兒耐性十足，常任由女兒抱著到處走動；牠的體形幾乎和女兒一般大，以致那美麗的銀黑尾巴總是拖在地面。更慘的是，達格瑪經常踩到牠的尾巴，有時還被絆倒，整個人壓在牠身上。即使如此，牠也不會去咬她或抓她。事實上，牠讓達格瑪扮演了水牛的角色以遂其「報復」目的。例如常猛地撲向女兒，緊緊抓著並伸出牙齒假裝啃咬。儘管我看得膽戰心驚，但我也很清楚公貓的動作並非是認真的，女兒有時大喊大叫也只是半開玩笑的誇張表現。公貓的行為演變成遊戲之前，必然經過一段極度真實的伏擊或悄然接近敵人的過程，這也更明確證明了前述舉動為遠古狩獵祖先所留下的狩獵習慣。

普里和托瑪斯的友誼，遠遠超過了同屋簷下貓狗所展現出的相互包容，可以從牠們在戶外時的表現，看出彼此穩定的感情。牠們每次碰面時都會彼此問候：托瑪斯從口部發出歡樂的叫聲（後章有詳細說明），普里則友好地擺擺尾巴。

儘管大多數狗在家裡都能和貓和平相處，但出了家門就難說了。例如我養的狗，牠們待在我的房間時，對家中那隻無精打采的貓毫無惡意，蘇西甚至還會快樂地和牠嬉鬧；貓也不怕這群狗，甚至敢偷吃牠們的飼料，把狗尾巴當作老鼠追逐（這隻貓不夠大膽，不敢玩「殺水牛」的遊戲）。然而，在別的房間裡情況卻完全不同。貓變得小心謹慎，不僅盡可能避開狗，還會伏到家具下，或是跳上高聳的書架躲藏。

出了家門，貓對狗的態度更顯恐懼，尤其害怕特愛追逐貓的吳爾夫。據我觀察，斯塔茜和小女兒達格瑪的銀灰虎斑公貓關係最緊張。在家裡，斯塔茜幾乎無視這隻大公貓，但出了家門，斯塔茜卻對牠窮追不捨。直到某天，大公貓再也沒返家，我不得不懷疑斯塔茜就是那殺貓凶手。

對於不得已而必須生活在同一屋簷下的動物來說，狗對捕殺欲的克制因種類而異。即使是最頑固不化的獵狗，人們也能輕易教會牠們不去殺害溫順的鳥類。

事實上，狗對各種小型哺乳動物最難產生克制力。其中兔子更是所有小獵物中最富誘惑力的種類；即使是受過完美訓練、能和貓和平共處的狗，也一定要避免讓牠們和兔子單獨相處，我養的狗也不例外。令人不解的是，蘇西對我那對金倉鼠（Golden Hamster）完全沒有興趣，可是牠卻毫不掩飾對房間裡另一隻蹦來蹦去的小跳鼠的渴望，為此我嚴令禁止牠接近這隻小跳鼠。

許多年前，我將一隻溫順的幼獾帶回家，介紹給我家中那隻凶殘的德國牧羊犬，牠們倆的相處著實讓我驚訝。我原以為這隻奇怪的野生動物會將狗的狩獵本能徹底激發出來，結果完全相反。幼獾原本住在一個養狗的森林管理人員家裡，對狗毫無畏懼；另一方面，我的牧羊犬則以少見的謹慎將幼獾全身上下嗅了一遍。很顯然地，牠打從一開始就沒把獾當作獵物，反而視為一個外貌有點怪異的同類。數小時後，牠們便親密地玩在一起。和毛皮不厚的狗夥伴相比，皮膚堅硬的新成員的舉動似乎過於粗暴，狗兒不時發出疼痛的叫喊聲，形成饒富趣味的場景。奇怪的是，雙方的遊戲從未演變成「戰爭」。從一開始，狗就完全信任獾的社會抑制行為，甚至允許牠在自己背上打滾，抓住自己的喉嚨；而根據狗的遊戲規則，「勒脖子」的遊戲只存在於關係友好的狗之間。

我也發現家裡的狗對待猴子的奇妙態度。為了保護我養的迷人小狐猴，我必須對狗更加三令五申，尤其害怕牠們會傷害那隻叫馬克嬉的可愛小狐猴——牠們只要在花園碰到小馬克嬉，就想去追牠，然而馬克嬉似乎認為是個有趣的遊戲。也難怪狗愛追趕馬克嬉，因為牠最愛從後方冷不防地偷襲狗兒，例如抓牠們的臀部或拽狗尾巴，再縱身躍到夠高的樹上，樹下那些盛怒中的狗只能眼巴巴地看著小馬克嬉好整以暇地垂下尾巴。

馬克嬉和貓的關係，尤其是和育有許多子女的布茜的關係更是奇妙。馬克嬉一直到年紀很大了都還沒有伴侶，儘管我曾幫牠找過兩隻公狐猿，第一隻在我找到不久後就瞎了，第二隻則命喪於一場意外，在這當中馬克嬉均未曾孕育子女。

相較之下，布茜一年至少生產兩次，而馬克嬉十分喜愛布茜的小貓們。就像家中未婚的褓母對我的孩子的疼愛一樣，妻子總是將孩子托給褓母照顧，並對此十分感激。可是布茜的想法和妻子完全不同，牠極不信任這隻狐猴，當馬克嬉想撫摸或親吻小貓，還得採取特殊策略接近牠們，而這些策略通常都能奏效。無論布茜如何提高警惕，將小貓們藏得多隱蔽，馬克嬉總能找到小貓的藏身處，並偷偷地帶走其中一隻，但牠從來就只帶走一隻。就像狐猴媽媽平時抱著小猴子那樣，馬克嬉只用四肢中任意一隻就能將小貓緊摟在懷中，儘管帶走小貓時被當場逮到，也能迅速逃跑，讓布茜追趕不及。馬克嬉通常會停在最高的細樹枝上，那裡是貓絕對爬不上去的地方，然後開始沉浸在照顧嬰兒的樂趣中。照顧儀式最重要的部分莫過於清潔身體這項本能行為。只見馬克嬉精心梳理小貓的茸毛，顯得十分享受；等到把小貓全身清潔乾淨後，便開始處理幼兒需特殊護理的部位。我們擔心馬克嬉會不慎讓小貓墜地，總是設法盡快搶救小貓，但實際上從來沒發生過。

馬克嬉究竟如何辨別小貓是「幼兒」呢？這個問題很有意思，我也難以回答。顯然地，這和體形大小完全無關，因為馬克嬉對體型相同的成年哺乳動物毫無興趣。然而在媞托（和馬克嬉同歲數）生下一窩小狗後，這位熱忱的「褓母」也對小狗付出了和小貓同樣的情感，即使小狗的體形幾乎是牠的兩倍大，也絲毫未損及牠對牠們的愛。

在我的堅持下，媞托很不情願地允許馬克嬉發揮壓抑已久的育兒本能。於是經常可以看到狐猴和小狗滑稽有趣的遊戲場景。我的長子托瑪斯出生時，馬克嬉非常喜愛他，將他視作最能滿足其保護欲的照護對象，還曾在寶寶的嬰兒車旁連續坐上數小時。不熟悉狐猴的人看到這一幕通常會很驚恐，只有理解這種動物的內心後，才會欣賞牠們溫和善良的性格。

對於不熟悉狐猴的人來說，可能會覺得牠們長得有點可怕。黑色的臉、突出且狀似人類的耳朵、尖尖的鼻子，以及白天瞇成一條細縫、晚上卻異常巨大的琥珀色眼睛，早年的動物學家稱牠們為「幽靈般的狐猴」。儘管如此，我仍可放心地像托付給褓母一樣，將孩子托付給這隻動物。

我非常確信馬克嬉不會傷害孩子，但狐猴對孩子的愛卻經常引起其他衝突，例如牠的嫉妒心使牠對孩子的真正父母或看護人相當凶狠。因此當別人照顧孩子時，我通常不讓馬克嬉在場；只有我一人時，才偶爾允許牠跟在身旁「帶孩子」。

動物的凝視

據說人類的眼睛有一種神奇的力量。例如吉卜林《叢林之書》的主人翁毛克利之所以被逐出狼群，主因是野獸們無法忍受他的凝視，即使是他最好的黑豹朋友也無法直視他的眼神。

正如許多迷信中總存在著真實的一面，前述「無法對視」的說法也許是真的。鳥類和哺乳類動物並不直接互相凝視對方，即使對方足以讓牠們信任，也就是說，牠們的視線不會持續集中在一點。人類的視網膜經特殊分化可以看清事物，周邊薄膜負責分辨重現輪廓不太清晰的影像。因此，人類的眼睛可以在不同點之間來回移動，並以網膜中心輪流對焦捕捉影像。人類以為看清整個畫面就像看照片一樣獲得全部影像，是一種錯覺。而幾乎所有哺乳動物的視網膜中樞和周圍薄膜，都不像人類一樣有著明確的分工，也就是說，動物以網膜中心看事物時不如人類清楚，但周圍薄膜卻可以看得很清楚。

由於前述原因，大多數動物固定視線在同一處的時間比人類短很多，也不像人類頻繁。當你帶狗散步時，不妨觀察牠們直視前方的次數。你會發現在幾個小時內，牠直視前方的次數只有一、兩次，因此牠能完全按著你的路線行進彷彿只是巧合。關於這一點，我們可以從狗透過周圍薄膜找到主人的事實獲得解釋。

大多數能像雙筒望遠鏡一樣集中視線的動物，例如魚類、爬蟲類、鳥類和哺乳動物，只有在特定對象進入視線範圍的短暫瞬間，才能固定視線於一點；相比之下，人類卻可以用視網膜的中央凹對準不同焦點。所以當我們看到有人「目光呆滯」時會覺得很奇怪，但絕大多數動物來說，眼神呈現這種放空呆滯狀態卻很正常。倘若動物長時間凝視某處，通常表示該處存在著令牠害怕的事物，或是懷抱某種企圖（通常都不懷好意）。這種情況下，動物的視線相當於鎖定目標。

如果一定要舉出我的狗凝視我的例子，我只能想到三種情況：第一種是我拿著裝食物的碗進屋時；第二種是牠們在模擬戰鬥時；第三種（僅在轉瞬間）是當我嚴厲呼喚牠們時。同類動物只有在試圖採取某種行動或畏懼對方時才會互相凝視，因此動物的長時間凝視可視為一種敵意或危險信號；而人類的凝視也會被牠們視為強烈敵意的展現。

如果我被一群來意不明的野獸包圍，而且牠們都睜大眼睛盯著我（如同人和人之間的眼神接觸），那麼我肯定會嚇得趕緊逃跑。在這種情況下，「獅子眼神的力量」相當值得研究。基於生理機能的差異，對於貓科或犬科動物來說，定睛凝視所代表的意義和人類截然不同。

如果一個人不敢直視我的眼睛，而是不停來回打量，這說明他可能動機不純或是對我心存畏懼（這種尷尬狀態其實是一種溫和的畏懼形式）。不過對於動物還是得依據前述觀察，並經由觀察得出人類與動物相處時的行為規範。如果想贏得膽小的貓、神經質的狗或其他類似動物的信賴，千萬記得不要像飢腸轆轆的獅子盯著獵物那樣凝視牠們，而是將視線自然地落在牠們身上，凝視的時間要短暫，而且要像偶然接觸的視線一樣。

猿猴的眼睛生理機能和人類非常相似。牠們的眼睛也位於頭骨中，和人類一樣能直視前方，聚焦周圍的物體。猴子的好奇心極其強烈，與其他動物相處時也表現出圓滑的交際手段。牠們的叫聲總能刺激高等哺乳動物的神經，尤其是貓和狗。這些動物對猴子的態度完全反映出牠們對人類的態度。如果是一隻對人類順從的狗，就算面對猴群中最小的成員也會唯命是從。即使碰到最強悍野蠻的狗，我也從不擔心我那捲尾猴會吃虧。有趣的是，我還得經常站在狗這邊，出面制止捲尾猴的霸道行徑。

我的白頭捲尾猴愛米就是以這種作風展現對普里的喜愛，不是把普里當馬騎，就是把牠當作暖和的熱水袋。一旦普里對這隻囂張的小傢伙表現出些許反抗，就會招來愛米又掐又咬的懲罰。當愛米需要普里擔當溫暖的睡舖時，普里就被迫待在沙發的固定位置不得動彈。以致每到了吃飯時間，我總得強迫愛米離開，否則可憐的普里就連吃飯都不得安寧（幸好愛米對牠的伙食從來就不屑一顧）。總體來說，狗對猴子的態度就像在對一隻被寵壞的乖僻孩童一樣。就我們所知，孩子總是對狗恣意妄為，因為狗兒總是對孩子百般容忍。

狗對孩子的容忍，很大程度上也適用於我的貓。不過，貓雖然對孩子比對成年人有耐性，卻沒狗那麼好的脾氣。貓對猴子的態度也和狗不一樣。倘若馬克嬉膽敢拉扯托瑪斯的尾巴，後者會毫不客氣地朝前者大聲吼叫反擊。

家中其他的貓和猴子相處時也各有自己的原則。根據我的觀察，猴子對貓科動物心懷畏懼未必是壞事。我的兩隻拇指猴一出生就被關起來，因此不可能有和貓科動物交手的可怖經驗，可是牠們卻莫名害怕動物園研究所裡的老虎標本，對我家的貓也是小心翼翼。一開始，我的捲尾猴也對貓表現出比狗更多的尊重，儘管貓的個頭明顯比狗小得多。

我不喜歡以過度氾濫的情感將動物人性化。每當看到動保協會在出版的雜誌上刊登貓、臘腸犬和知更鳥共食的照片並題為「親密夥伴」時，我就渾身不舒服。更離譜的是，我最近看到一張圖片，上面竟畫著一隻暹羅貓和一隻小短吻鱷並肩而坐。根據我的經驗，不同物種之間的情誼只會發生在人和動物之間，不同物種的動物之間幾乎看不見這種情感。（正因如此，我也根本不可能把本章標題定為「動物的友誼」這類煽情文字）。相互容忍並不等於友誼，即使動物因共同利害關係合作（比如在遊戲中），也不能說是真正的社會性互動，更別說是友誼所促成的。

我的烏鴉羅亞經常飛行數公里前來多瑙河的沙丘找我；當我出遠門後返家，我的灰雁瑪蒂娜便越發熱情地迎接我；我的兩隻野雁彼得和維克多，即使非常害怕也會不顧一切保護我不受老野雁的猛烈攻擊。這些動物都是我真正的朋友，換句話說，我們的情感是雙向交流的；而在不同物種的動物之間，大概是因「語言障礙」導致難以產生相應的情感。

我在前文提過，狗和貓之間連彼此威脅和生氣時最明顯的表情行為都沒能察覺，因而產生衝突，更不用說理解並表達情感這類的細膩變化。即使普里和托瑪斯之間的親密感隨著逐漸熟悉而增加，也不能稱之為友誼；我的德國牧羊犬媞托和獾之間的關係也是如此。前述不同物種間的關係，已是我見過最親密、最接近真正友誼的實例了。在往後的許多年中，我的家裡又住進許多不同種類的動物，牠們之間都以這種「停戰協定」和平相處，儘管有的也把握機會發展出相對親密的互動。

我在一次偶然的機會下，親眼目睹了狗和貓之間的真正友誼，故事的主人翁是村裡一座農場的混種狗和三花貓。這隻狗體質虛弱且膽小，母貓卻正好相反。貓比狗年長很多，在狗年幼時，貓就對牠產生了類似母親般的情感。正是此基礎讓牠們建立了狗貓之間最親密的「友誼」。牠們不僅玩在一起，而且喜愛互相作伴，會一起在庭院或街道上散步。這種非比尋常的情感也促使牠們通過了友情的終極考驗。

這隻混種狗是我家法國鬥牛犬公認的敵人之一，因為牠是少數體型比普里小且對普里心存畏懼的狗。有一天，普里在街道上突然襲擊這隻狗，並和牠在一個斜坡上扭打起來。不管你信不信，這隻三花貓見狀竟像一團毛球般從家門口飛奔而出，筆直穿越庭院來到街道中央，發了瘋似地撲向普里，就像騎著掃帚的女巫那樣騎在普里身上，直到已遠離斜坡一段距離後才罷手。如果這種事都可能發生，那麼都市中飽食終日的貓和狗相安無事共食一餐，根本連「友誼」也談不上呢。

Chapter 11

「柵欄」的必要

動物和人類之間存在著柵欄，動物遂感到安心，因為人類無法侵入牠的「逃走距離」，甚至能和柵欄外側的人類產生和善的社會性接觸；但人類若誤會動物允許自己隔欄撫摸即代表能貿然進入其領地，可就大錯特錯。動物不僅會驚慌逃竄，也可能採取攻擊行動。這是因為「逃走距離」和範圍更小的「臨界距離」都遭人類侵入破壞所致。在這種情況下，再友好的動物都可能成為可怕的攻擊者。

當你行經庭院的籬笆前，常會看到一隻大狗在籬笆後朝你咆哮。牠凶猛地吠叫邊用尖利的牙齒啃咬籬笆，從牠的行為可以判斷，幸虧有籬笆作為屏障，才使你免於被牠撕破喉嚨。

如果換作是我，可不會被這般脅迫嚇倒，而是毫不猶豫地打開庭院的門。如此一來，前一刻還呲牙裂嘴的大狗反倒猶豫了，不確定下一步該怎麼做，只能繼續虛張聲勢，但威嚇的聲調卻大幅減弱。牠的態度顯然表明，如果早知道我會打開庭院的門，牠就不用那麼憤怒了。倘若庭院的門是打開的，狗甚至可能會先跑到數公尺外，在一個安全的地方用不同聲調持續吠叫；相反地，換作是非常溫順膽小的狗或狼，儘管躲在籬笆後不露出任何敵意或懷疑態度，一旦有人現身門口，反而會認真地展開攻擊。這些截然不同的行為模式可以用相同的心理機制來解釋。

「逃走距離」和「臨界距離」

舉凡所有動物（尤其是大型哺乳動物）一旦遇到比自己強的對手靠近自己一定

距離時，都會立刻逃跑。發現此現象的動物學教授海德格爾稱之為「逃走距離」，該距離會隨著動物對敵人的恐懼程度呈正比增加。當敵人開始侵入「逃走距離」時，動物能預知何時該夾著尾巴逃跑；如果敵人靠得更近超越「臨界距離」時，動物也能預知何時該發動攻擊。在自然狀態下，超越「臨界距離」只發生在兩種情況下：一種是動物被偷襲時；另一種是動物被逼入絕境、走投無路時。第一種情況的例外是：當具攻擊性的大型動物發現敵人接近時，不逃跑而躲藏起來，並希望敵人不會發現自己。但如果躲藏起來的動物被敵人發現，便會展開一場殊死戰。正是這種例外的心理機制，使得搜索受傷的大型獵物極其危險。當攻擊者逾越「臨界距離」時，被攻擊的動物會因絕望而勇氣大增，遠遠超出其平常程度，因而導致驚險萬分的搏鬥。這類反應並非大型食肉動物固有的習性，連德國倉鼠等小型動物身上也有類似模式，被逼入絕境的老鼠會展開最驚人的猛烈反擊，也是「困獸之鬥」的最佳寫照。

「逃走距離」和「臨界距離」都能用來說明狗在庭院大門關著和開著時，所採取的不同行動。狗和人之間隔著籬笆時，提供了一段數公尺以上的安全距離，在籬笆後的狗因而感到安心，並表現出十足的勇氣；一旦庭院門大開，動物會產生敵人可能隨時靠近的錯覺，有時還會帶來嚴重的後果。尤其對於那些長期拘禁於柵欄後、相信「籬笆」牢不可破的動物更是如此。

動物和人類之間存在著柵欄，動物遂感到安心，因為人類無法侵入牠的「逃走距離」，甚至能和柵欄外側的人類產生和善的社會性接觸；但人類若誤會動物允許自己隔欄撫摸即代表能貿然進入其領地，可就大錯特錯。動物不僅會驚慌逃竄，也可能採取攻擊行動。這是因為「逃走距離」和範圍更小的「臨界距離」都遭人類侵入破壞所致。在這種情況下，再友好的動物都可能成為可怕的攻擊者。

我從未被馴養的狼襲擊過，我將此歸因於對前述法則的理解。我在前幾章提過，我曾將我的母狗斯塔茜和一隻柯尼斯堡動物園的大型西伯利亞狼配對。當時我的想法遭眾人強烈反對，因為這隻狼的性情異常凶猛。不過，我仍決定冒險一試。以防萬一，我先將兩隻動物關在預備飼養區的相鄰籠子裡。我將籠子間的連通門打開至一定距離，露出的空隙只夠斯塔茜和狼探出鼻子互聞。在「互聞儀式」後，雙方都搖起了尾巴，於是我在幾分鐘後將門完全打開。對此我從來沒有後悔過，因為從那一刻開始，牠們之間從未產生任何衝突且相處得十分融洽。

當我看到斯塔茜和巨大的灰狼友好地嬉戲時，我突然有股衝動，試圖充當一名野生動物的馴獸師，而且想去看看這隻狼的巢穴。灰狼隔著柵欄對我顯得很親密，在不熟悉動物行為領域的人看來，我的行為似乎毫無危險。其實我很清楚，如果我對籠子的柵欄和臨界距離的關係一無所知，我的計畫將充滿危機。

為了達到前述目的，我先把籠子裡幾隻狗和土狼撤出，將斯塔茜和灰狼哄進最裡面的籠子。打開所有的連通門後，我小心翼翼地走進第一個籠子，停在可以一眼望進所有籠子的位置。最初，斯坦茜和灰狼沒有看到我，因為牠們所處的位置並不和連通門在一條直線上。但過了一會兒，灰狼從最裡面的一道門往外瞧時發現了我。這隻原本和我很熟（喜歡隔著柵欄舔我的手，允許我摸牠的頭，看到我來就高興躍起）的狼，一看到我站在不過數公尺遠，而且沒有柵欄阻隔，顯然十分吃驚。只見牠的耳朵隨即下垂，鬃毛因膽怯豎起，尾巴緊緊夾在兩腿之間，如閃電般從門口處消失。不過下一刻牠又折返回來，神情仍帶著膽怯，但鬃毛已不再豎起，歪著腦袋定定地凝視著我。接著，牠的尾巴開始在雙腿間小幅度搖擺起來。我立刻將眼神轉向另一側，因為對於一隻被驚動的動物來說，固定的目光會過於驚嚇牠。

此刻，斯塔茜也發現我了。我偷偷斜睨了一眼，斯塔茜已飛快朝我衝來，而狼緊跟在後。我必須承認，有那麼一瞬間我覺得自己彷彿身處鬼門關的交界，直到看見狼踩著笨拙的步伐走來，我才鬆了一口氣。因為當時狼微微地晃著腦袋，而所有善於觀察的愛狗人都知道，這是牠們想邀請你玩耍的姿態。於是我繃緊全身肌肉，奮力迎接這隻巨大野獸充滿友愛的撞擊，同時側身站著，避免牠在我肚腹上施展踢功。儘管防範如此周全，我還是被牠撞向了牆壁，也讓我倆重新建立起信賴感。狼和我的力量懸殊程度如同獵狐㹴和大丹狗，這樣應該不難推測和這隻狼玩耍時的慘況。在和狼玩耍的過程中，我也終於明白了狼為何比一群狗還厲害的道理，因為不管我如何小心，仍不斷地被牠撞倒在地。

另一個關於籬笆的故事發生在我的老普里和牠的死敵——一隻銀白色的狐狸狗身上。白狐狸狗的主人家有一座狹長的庭院，沿著村裡的道路長長延伸，一排綠色的木製籬笆將庭院和道路隔了開來。兩隻有著不共戴天之仇的狗沿著這排長達三十公尺的籬笆來回奔跑狂吠，偶爾在籬笆兩端的折返點稍作停留，並繼續著毫無作用的憤怒動作和咆哮聲。

有一天，尷尬的場面出現了。部分籬笆因維修拆除，只有離多瑙河較遠處約十五公尺的籬笆被保留。我和普里出了家門便沿山丘而下，朝河川前進。白狐狸狗老遠就看到我們，並守在庭院最高處等候，身體因激動而渾身震顫。起初兩隻狗開始了和往常一樣的相互叫罵，然後沿著籬笆開始飛奔。此時牠們尚未發現異狀，直到跑過已被拆除的籬笆處，來到常隔空對吼的庭院盡頭。牠們停下，毛髮豎起，露出凶狠獠牙，赫然驚覺眼前已沒有籬笆存在。兩隻狗頓時停止了吠叫。牠們決定怎麼做呢？只見兩隻狗各自匆忙轉向，朝仍立有籬笆處飛奔，然後重新停下，彷彿什麼事也沒發生般，隔著籬笆再度大聲狂吠起來。

Chapter 12

野犬寶寶的騷動

若要讓哺乳動物的母親收留陌生的幼兒，最好將小傢伙以最無助的姿態放在窩外。這招可說屢試不爽：孤單躺在窩外的小生物比起窩中嬰孩，更能激起雌性動物的育兒天性。但如果直接把孤兒丟進窩裡的孩子中間，那麼孤兒很可能被視為入侵者被殺死。即使從人類的角度來看，這種行為也是可以被理解的。

一九三九年的一個陰天，擔任美泉宮動物園園長的朋友安東尼伍斯教授來了一通電話，他說：「我記得你說過，想幫你的母狗收養一隻澳洲野犬寶寶，我這裡有隻澳洲野犬六天前生產了，如果你現在過來可以親自挑選一隻。」

聽到這激動人心的消息，我即刻搭地鐵前往，甚至完全忘了當天還有個重要的約會。抵達美泉宮動物園後，我將這隻脾氣溫和的澳洲野犬媽媽誘到另一個空間，然後從一群正在分娩箱中四處亂爬的紅褐色小傢伙中，選了一隻唯一沒長白色斑紋的小狗（長有白色斑紋顯示其祖先曾被人類豢養）。

帶野犬寶寶回家

澳洲野犬是很優秀的動物，也是發現澳洲大陸之初所尋獲的唯一大型哺乳類（不屬於有袋類的亞綱）。除了澳洲野犬之外，在這片大陸上所能找到的高等哺乳類是不易發現行蹤的蝙蝠。由於地理位置特殊，澳洲大陸在歷史長河中被孤立了很長一段時間，基本上大陸上的哺乳動物群，是由具備眾多原始特徵的有袋類哺乳動物所構成；另一批構成分子則是當地的毛利人，這群原住民沒有農耕或飼養家畜的經驗，和他們的祖先——即最初的移民者相比，智力和文化水平顯然低上許多。他們常年在海上討生活，如同今日的新幾內亞人。

在此也必須釐清一個備受爭議的疑問：澳洲野犬究竟是野生犬？還是最初移居澳洲大陸的移民帶來的家犬？對此眾說紛紜，而我非常確信後者的答案才是正確的。對於任何熟悉家犬習性的人來說，絕不會懷疑澳洲野犬是第二度野生化的家養動物。有學者認為澳洲野犬的步行姿態和野生犬一樣，和家犬的走路方式截然不同，這種主張其實完全錯誤。相較於澳洲野犬，愛斯基摩犬或哈士奇的姿態比澳洲野犬更酷似狼；此外，純正澳洲野犬的四肢通常可見「白襪」（指四肢先端部位的白化現象）或白色斑紋，尾巴尖端也幾乎是白色的。前述特徵的出現與分布並不規則，但這種情況絕不會發生在野生動物身上，反而常見於家養的種類上。

因此，我十分肯定人類將澳洲野犬帶進了澳洲，加上此地的有袋類哺乳動物行動緩慢，容易捕捉，以致澳洲野犬隨著最初的移民喪失狩獵文化，而逐漸獨立。

為了探究澳洲野犬的本性以及牠們和家犬的互動模式，我決定讓家中的母狗親自哺育一隻澳洲野犬。而在斯塔茜的母親珍塔和美泉宮動物園的母澳洲野犬同一時間懷孕時，我知道機會來了。

當我把這隻澳洲野犬寶寶放入袋子時，安東尼伍斯不經意看了錶後發出驚叫：「天啊！我該出發了！我要去參加威爾納教授的葬禮。你不去嗎？」我突然驚覺，今早拋在腦後的重要行程就是這場葬禮。普立茲．威爾納教授是我最尊敬的老師之一，他對動物的理解幾乎無人能及。威爾納教授主攻爬蟲學，是兩棲類和爬蟲類的權威學者。此外，他也是非常卓越的動物學家，舉凡飛禽走獸只需一眼就能辨識，當代無人能出其右。他的知識淵博，能毫不猶豫地鑑定存活動物的所有性狀，跟隨他進行田野調查可謂娛樂與啟發兼備。曾有幸與他一起前往北非和近東考察的研究者，都讚嘆他對這些國家的動物的熟悉程度，宛如牠們是自己國家的動物一般。威爾納教授還是一位優秀的動物飼養專家，我從他身上學到了許多陸生動物飼養場的管理方法。

然而此刻，我發現自己陷在一個兩難的情境，既想送我敬愛的師長最後一程，又急於將野犬寶寶帶回阿爾騰堡的養母身旁。我慎重考慮後，認為小狗應該可以在我溫暖的袋子中熟睡，於是和安東尼伍斯從美泉宮動物園出發，直奔葬禮。

我原以為會被安排站在葬禮賓客的後方，但因威爾納教授獨身，又很少親戚，作為教授得意門生的安東尼伍斯和我，因而被排在棺木後方送葬者的最前排。眾人正神情哀戚地站在老動物學家即將永眠的墓旁時，我的袋子中突然傳出嘹亮刺耳的哭聲，原來孤單的小狗想媽媽了。我打開袋子伸手撫摸狗寶寶，試圖讓牠安靜下來，誰知哭聲卻愈來愈高亢，我只好趕緊帶著哇哇大哭的狗寶寶逃離現場，好友安東尼伍斯則強忍著笑意緊跟在後。他憋著笑說：「你冒犯了所有在場的人——除了老威爾納。」話才剛說完，他眼中已滿溢著淚水。或許沒有人發現，在墓旁哀悼的所有人當中，我、安東尼伍斯和袋中的小野犬寶寶，才是老教授真正的靈魂追隨者。

我提著袋子返回阿爾騰堡後，直奔珍塔和小狗們暫時生活的陽臺（我整理作為珍塔生產哺育的場所），想把小澳洲野犬介紹給珍塔。此時，歷經遠行的野犬寶寶早已飢餓難耐且嗚咽不已。珍塔老遠就聽到了啼哭聲，豎起耳朵，面帶不安地緩緩走近。狗的視力原本就不好，加上珍塔也不夠敏銳，沒發現在哭的根本不是自己的孩子，純粹是從袋中傳出的可憐哭聲，激發了牠的母性本能。

我從袋中抱出小狗，將牠放到陽臺正中央地面上，希望珍塔能親自帶牠進入窩中；若要讓哺乳動物的母親收留陌生的幼兒，最好將小傢伙以最無助的姿態放在窩外。這招可說屢試不爽：孤單躺在窩外的小生物比起窩中嬰孩，更能激起雌性動物的育兒天性。但如果直接把孤兒丟進窩裡的孩子之間，那麼孤兒很可能被視為入侵者遭殺害。即使從人類的角度來看，這種行為也是可以被理解的。

儘管如此，我還是無法確保被帶入窩裡的陌生幼兒會被接納。例如老鼠般的低等哺乳動物，雖會把外頭的陌生幼兒帶回窩裡，但幼兒一進入窩裡後卻被視為入侵者遭無情吞食；許多鳥類也有類似的母性救援反應，這種反應在人類看來卻相當不合邏輯。例如帶著孩子的雌麻鴨看到一隻野鴨的孩子正在研究員的手中拚命呼救，雌麻鴨會立刻以驚人的勇氣攻擊研究員，救出小野鴨。但當雌麻鴨將小野鴨帶回小麻鴨群之後，雌麻鴨反而會開始攻擊小野鴨，如果沒及時阻止，小野鴨很可能數分鐘內就會被雌麻鴨殺死。

雌麻鴨的矛盾行為很容易解釋：小野鴨的呼救聲和小麻鴨的聲音幾乎一模一樣，雌麻鴨經由反射刺激展開救援行動。但小野鴨的胎毛生長方式和小麻鴨不同，雌麻鴨發現之後會被激起另一種本能——育雛防禦反應，小野鴨反倒成了該被驅逐的敵人，而非待救助的幼鳥。事實上，就連狗這般智力較高的哺乳動物，也可能出現前述的矛盾行為。

只見小澳洲野犬寶寶趴伏在地持續嗚咽，珍塔跑向前，顯然打算將牠帶回窩裡，牠甚至沒有停下來嗅聞，彷彿已確信這個小傢伙是自己的孩子。牠彎下腰，伸出爪子抓起小傢伙。母狗搬運小狗時，通常會用嘴巴內側牢牢啣住小狗，小狗的身體剛好可塞進母狗的犬齒後方，才不致被咬傷。珍塔剛想叼起小狗時，就聞到了小狗在動物園沾染上的野生氣味，嚇得跳了回來，還發出類似貓吐唾沫般的呻吟聲，我從來沒聽過狗發出這樣的聲音。珍塔退後了好幾公尺，又再度走近啼哭的小狗，謹慎地聞著。過了至少一分鐘，牠才用鼻尖試探地碰觸小狗，然後粗魯地舔起小狗的毛髮。這種深長的吸吮舔法我再熟悉不過，這是動物除去新生兒身上胎膜時常見的動作。

為了解釋牠的舉動，請允許我說些題外話。哺乳動物的母親生產後若誤食新生兒（常見於豬、兔等家畜或農場飼養的毛皮動物），通常是因去除胎膜、胎盤或切斷臍帶動作的一種缺陷反應。嬰兒出生之後，母親開始用吸吮或舔舐的方式抬起包住嬰兒的胎膜，形成足夠大的褶皺以便母親的門牙咬住胎膜，然後再小心翼翼地咬開一個洞（此時，皺起的鼻子和露出的犬齒和狗在清除身上寄生蟲時啃咬皮膚的「抓蝨」動作一樣）。咬開覆蓋胎兒的胎膜之後，母親會繼續以同樣的方式將胎膜全部吞入腹中，接著再吞下胎盤和連接胎盤的臍帶。過程中，啃咬和吮吸的動作都很緩慢謹慎，直到臍帶的末端像香腸末梢般被扭斷和吸住。此時，整個過程就應立刻告一段落。不幸的是，一些家畜經常無法及時終止動作，結果不僅是臍帶，連新生兒的下腹部也被吞食下肚。

我曾養過一隻母兔，牠甚至連幼兔的肝臟都吃了下去。母豬和母兔常會誤食自己的孩子，深諳防範之道的農民或飼養員會在嬰兒剛出生時立刻抱離母親身旁，待數小時後母親吞食胎膜的衝動退去，再把新生兒清洗乾淨送回母親身邊。

由此可見，人類幫助動物除去缺陷反應後，也可使其具備完全正常的母性本能。另一方面，不同物種的哺乳動物母親吞食死亡或生病的幼兒，從本能來看也是可以被理解的。而牠們對此所採取的行動也和吞食胎膜時相同，都是從臍帶部位開始吞食。

我曾經親眼目睹這種行為，著實令人印象深刻。美泉宮動物園裡有一隻身上帶著鮮黃斑點的雄美洲虎和一隻美麗的黑色雌美洲虎，牠們幾乎每年都會產下皮毛如母親般漆黑的健康寶寶。有一年情況卻異於往常，母親產下的幼虎從出生當天就體弱多病。虎寶寶長到兩個月大時，一天我和安東尼伍斯教授相偕巡視動物園。當我們走近美洲虎的獸欄前，安東尼伍斯告訴我，那隻小美洲虎已經停止發育，可能時日無多。那時，虎媽媽正在我們眼前像貓一樣「清洗」牠的孩子，用舌頭舔遍小虎的全身。一位熱愛動物也是動物園常客的畫家碰巧站在獸欄旁，十分讚賞母親對病兒的關愛之情。

然而，安東尼伍斯卻黯然地搖了搖頭，轉向我說：「出個問題考考動物行為學家，你認為母虎的內心究竟有什麼打算？」聽完，我立刻就領悟了他的言外之意。母虎的舔舐動作帶著莫名的緊張和焦躁，隱約可見吸吮的傾向。我兩度發現母虎將鼻子推到幼虎的腹部下方，並用舌頭探觸肚臍周圍。因此我回答：「育雛反應和吞食死兒的衝動已經開始出現矛盾。」這位率真的畫家不願相信這個事實，但在看到安東尼伍斯點頭認可後，才震驚地接受。結果的確如我所料，翌日早晨，小美洲虎已經消失得無影無蹤，母虎已經吞食了牠的孩子。

當我看著珍塔舔舐澳洲野犬寶寶的方式時，前述情景再度浮現於腦海中。我的預感果然沒錯。幾分鐘之後，珍塔將鼻子伸進小狗腹下，將小狗翻了個身，然後開始小心舔著小狗的肚臍周圍，隨後用門牙啃咬腹部皮膚。

此時小狗疼得大哭，珍塔再一次驚駭地跳開，好像突然意識到自己正在傷害這個小嬰孩。顯然地，珍塔的育雛反應和小狗的痛苦叫聲所引起的惻隱之心再次居上風，於是牠決定將小狗帶回窩裡。但當牠張口要啣住小狗時，再次聞到了那奇異陌生的氣味。珍塔又開始舔起小狗，動作比先前更激烈，牙齒也再次咬上小狗的腹部皮膚。小狗發出了痛苦的叫聲，珍塔再度顫抖著跑走。又過了一會兒，珍塔第三次靠近小狗，這一次牠的動作更匆忙，舔舐動作也更狂亂，看得出來牠內心搖擺不定：究竟要把孤兒帶回窩裡？還是乾脆吃掉這隻味道奇特且難看的小傢伙？對立的衝動在珍塔的內心快速交替出現，讓牠備受煎熬。

突然間，珍塔彷彿被這股糾葛的壓力給擊垮。牠坐在小狗前方，仰鼻朝天，發出了狼嚎般幽遠的長嗥，藉以發洩極端的苦悶。於是我將澳洲野犬寶寶和珍塔的孩子一起放入廚灶旁的小箱子裡，讓牠們在那裡待上超過十二個小時，以便小狗們能彼此交融對方的氣味。翌日早晨，當我把小狗們還給珍塔時，牠雖然一臉疑惑地接下卻難掩興奮之情。珍塔旋即秩序井然地把小狗們一一送進窩裡，澳洲野犬寶寶既不是第一個進窩的，卻也不是最後一個，而是排序在珍塔的孩子之間。雖然不久之後，珍塔還是認出了這個外來者，卻沒有驅逐牠，也讓牠和自己的孩子一樣吸奶。可是有一天，牠卻狠狠地咬了小澳洲野犬的耳朵，從此小野犬的耳型再也無法恢復原狀，始終朝一邊垂下。

Chapter 13

溝通的語言

一般來說，狗的獨立性愈強，學習和自由創造的表達方式愈多，所保留該物種野生形式的特有動作就愈少。因此，家養化程度愈高的狗，表達行為就愈自由且擁有較高的適應力。當然，個體的智力也是重要的影響因素。因此在一定情況下，更接近野生且較聰明的狗比那些野性本能衰退且稍微遲鈍的狗，更能創造出複雜的表達情感行為。畢竟本能退化開啟的是智慧之門，而非意味著智力的減退。

儘管帶著征服者的心靈，
牠的天性卻是相當敏感。
樂與悲快速降臨牧羊犬身上，
不是喜形於色，就是暗自神傷。

——英國詩人　威廉．華生

認為家養動物不如牠們野生祖先聰明的想法，其實是錯誤的。在許多情況下，家養動物的感覺的確顯得遲鈍，牠們的本能也不如昔日靈敏，這種情形對人類來說也未嘗不是如此。必須強調的是，人類正因前述的動物本能減弱所賜，才得以在一定程度上支配動物。

本能退化開啟的「語言」之門

動物本能行為和支配動物行為固定模式的鈍化，特別體現在人類發展的行動自由上；然而出乎意料的是，對動物來說也是如此，天生行為反應的退化並未削弱理性行動的能力，反而意味著一種新型態的自由。美國動物學家惠特曼（C. O. Whitman, 1842-1910）最先理解前述道理並開始從事相關研究，他在一八九八年指出：「動物本能上的退化並非其自身智力上的退化，而是一扇開啟的門，通過這扇門（學習），可以帶來新的經驗，從而產生智識上的一道飛越。」

動物的表現行為和其引起的社會性反應屬於物種本能性和遺傳性行為模式。社會性動物例如灰雁和犬科動物，牠們彼此「心照不宣」的所有行為，都是專屬該物種的本能性固有行為和規範順序。學者西恩克魯（R. Schenkel）曾長期調查狼的表現行為並分析其中的含義。如果將狼與家犬各自和族群成員進行社會交往的訊號——「語言」進行比較，會發現後者的訊號式語彙和許多本能行為模式一樣，有退化的徵兆。

由於狼的社會結構已達高度發展，牠們的訊號式語彙和本能行為相當明顯。除了尾巴搖動和尾巴位置所傳遞的訊號之外，在鬆獅犬等擁有狼血統的狗身上，可以看到狼的所有表現行為。從身體構造上來說，尾巴捲曲的鬆獅犬根本無法做尾部運動。儘管如此，牠的子孫卻繼承了狼特有用尾部發出訊號的天性。我的混種狗都從德國牧羊犬遺傳了正常的「野生尾型」，並做出狼的典型尾部運動。這種行為在純種牧羊犬或其他的狗身上絕對看不到。

在與生俱來的表現行為中，例如在面部肌肉以及身體和尾巴的活動方式上，我的狗當中有些比歐洲的狗更近似狼。當然，這並不是說我的狗在前述條件上都能和狼並駕齊驅。例如在臉部表情的表達能力上，我的狗比大多數的狗都強，卻仍不及野生種。在經驗豐富的狗兒愛好者看來，我的說法似乎很荒謬，因為他們想到的是動物在表達上的能力，而我所說的則是狗的本能動作。

我在前面談到本能的衰退可以為「自由創造的新行為模式」開啟一扇大門，而能徹底展現這項原則的，即為表現行為能力。鬆獅犬的表現行為幾乎和狼一樣，但這些行為僅限於野生動物間表達生氣、順從和歡喜等情感時所展現的動作，且並不明顯，因為牠們已經習慣同物種間極其細微的反應機制。

相較之下，人類基本上已經喪失了這些反應，改以不細微卻容易理解的語言作為交流方式。人類擁有語言，因此無須從同伴的眼中窺探細膩的情緒變化。大多數人認為，野生動物的表情受到一定的限制，但事實正好相反。與灰狼相比，鬆獅犬讓許多人難以理解，就像多數的歐洲人無法理解東亞人的表情一樣。因此，唯有經驗豐富的人才能發現狼和鬆獅犬不帶感情臉孔下的端倪，就像他們也能看出灰狼在多變表情中隱藏的祕密一般。

然而，灰狼的智力水準較高，牠們很大程度上不再受先天本能左右，多半獨自學習，甚至擁有自由創作的表現能力。例如狗會把頭放在主人的膝蓋上表達愛意，就不是受本能所驅使。一般也認為，這種舉動比起野生動物的「對話」，更近似人類的語言模式。

此外，和說話能力更密切相關的，是透過學習來的行為表達情感，例如狗伸出前腳放在人的手中等動作。許多學會這些動作的狗為了取悅主人，會配合主人和當時的環境條件做出動作。而一旦犯了錯的狗，會慢慢地走向主人，坐在主人面前，耳朵朝後下垂，露出「歉疚」的神情坐在主人面前，身體顫抖並伸出前腳。很多人應該都看過這種場景。我知道的一條貴賓狗甚至對其他的狗也做出這種動作，但這絕對是例外，因為當和同類「說話」時，即使已經習得許多表達方式的狗，也還是會使用野生的表達方式進行溝通。

一般來說，狗的獨立性愈強，學習和自由創造的表達方式愈多，所保留該物種野生形式的特有動作就愈少。因此，家養化程度愈高的狗，表達行為就愈自由且擁有較高的適應力。當然，個體的智力也是重要的影響因素。因此在一定情況下，更接近野生且較聰明的狗比那些野性本能衰退且稍微遲鈍的狗，更能創造出複雜的表達情感行為。畢竟本能退化開啟的是智慧之門，而非意味著智力的減退。

牠能讀懂你的心情？

前面提到狗向人類表達情感的能力，更適用於狗對人類姿勢和語言的理解能力。一般認為，那些和完全野生的狗最先確定社會關係的狩獵者，應該比現代人更了解狗的表現行為，在某種程度上，這也是他們為求生存必須身體力行訓練的一環。至於無法區分冰河時期熊的平和與憤怒情緒的石器時代獵人，實在可謂笨拙。

然而人類的這種能力亦非天生，也是不斷學習的結果；一如狗要想理解人類的表情和語言，也必須透過學習。動物在理解表現方式和聲音的天生能力僅及於近緣種，沒有經驗的狗，就連貓的聲音動作也毫無所悉。由此可見，狗對人類感情的理解程度簡直可說是奇蹟。

儘管我個人十分喜歡狼狗，其中又以鬆獅犬最深得我心，但我毫不懷疑家養程度更高的狗在理解主人的情感上更勝一籌。例如我的德國牧羊犬媞托在這方面就遠勝過牠那些帶有狼血統的子孫，牠甚至可以感受到我對某人的好惡。

在我的混種狗中，我則更喜歡那些擁有這般洞察力的狗。例如斯塔茜對我的各種情況都會做出反應，例如當我生病甚至沮喪時，牠都會流露出關切擔心的神情；當我的步伐不像平常穩健時，牠會邁著比平時略顯緩慢的腳步小心翼翼地跟在我身後；倘若我站著不動，牠會不時地抬頭凝望我，並把肩膀靠向我的膝蓋；有趣的是，就連我喝多了酒，牠也有同樣的舉動，明顯表露出對我「這種病」的不安，所以就算我還想再喝上幾杯也只好作罷。

拜德國牧羊犬的血統所賜，我的狗都擁有相當的理解和表達能力。其他我所熟知的犬科動物中，排在首位的就是以聰明著稱的貴賓狗，接著才是牧羊犬、杜賓和巨型雪納瑞（Schuauzer）。然而就我個人喜好來說，這些狗已經喪失了過多的野性，而這樣的「人性化」，也欠缺了我家中那些野生「狼」的獨特魅力。

有些人認為狗只能理解人類說話的語調，對發音完全不理解，這是錯誤的觀點。著名的德國動物心理學家薩里斯（Viktor Sarris）利用三隻德國牧羊犬（牠們各自叫哈利斯、阿利斯和巴利斯）證實了前述觀點的謬誤。

當主人下令：「哈利斯（或阿利斯、巴利斯），回到你的窩去！」只有被點名的牧羊狗會起身，帶著些微怨懟但仍順從地走回自己的睡鋪。即使主人從另一個房間發出命令，狗兒們仍然忠誠地依令行事。主人之所以刻意從隔壁房間下令，是為了避免說話時無意間傳達的肢體或表情訊息。因此我有時會想，和主人十分親密的聰明狗兒，對語言的識別能力是否已經到了能理解整句話的程度。每當我下令：「好，出去走走！」媞托和斯塔茜就會立刻起身。即使我非常小心避免語氣中帶有任何的抑揚頓挫，牠們也能行禮如儀；相反地，如果牠們察覺情況有異，即使我說出相同的話語，牠們也毫無反應。

在我熟知的狗當中，最了解人類語言的首推一隻巨型雪納瑞——阿飛。牠的主人艾曾門卡是我十分信賴的朋友，也是本書內頁的插畫作者。漂亮的母狗阿飛對「卡粹」、「斯巴粹」、「納粹」、「艾卡粹」等詞彙有著不同的反應（分別是小貓、麻雀、刺蝟和松鼠的暱稱。其中「納粹」沒有任何政治含義，只是一隻寵物刺蝟的名字）。

艾曾門卡雖然未曾聽過薩里斯的實驗，卻得到了幾乎相同的實驗結果。當他喊「卡粹」時，阿飛就會豎起頸背的毛，興奮地在地上四處嗅聞，表達牠對獵物抵抗時的期待之情；他喊「斯巴粹」時，阿飛卻一動不動地用厭惡的表情盯著麻雀，因為牠年幼時曾追逐麻雀，直到長大才意識到這件事根本就是徒勞無功；至於「納粹」，其實阿飛從未將刺蝟視為獨立的個體，只要一聽到牠的名字就會朝其他刺蝟棲住的山區奔去，在落葉中展開搜尋，並因拿這些多刺動物沒轍而發出憤怒的嗥叫聲。所以即使身旁沒有刺蝟，只要阿飛一聽到「納粹」，就會明確地發出意味深長的高亢吠叫聲；可是當阿飛聽到「艾卡粹」時，便會滿懷期待地抬頭四處張望，如果沒看到松鼠，就改在樹下徘徊尋找。和大多數狗一樣，阿飛的嗅覺很好，卻視力不佳，難以尋得小松鼠的蹤跡。不過阿飛確實比其他狗聰明得多，牠能理解手勢，並至少能分辨九個人的名字，只要喊出那九人當中其中一人的名字，牠就會跑向那個人的房間，而且從不出錯。

倘若理首實驗室的動物心理學家認為阿飛的例子難以置信，不妨思考一個事實：在密閉實驗空間裡的動物，比那些總是跟隨主人行動的動物，缺少辨識事物本質差異的經驗。對狗來說，將某個詞彙和引不起興趣的訓練技能結合，遠比和前述提到四種令其振奮的獵物聯繫起來困難得多。因此，我們很難讓狗在實驗室裡練就辨識語言的高度技能，畢竟這種空間欠缺習得此技能應有的趣味。

此外，養狗的人熟悉狗的特定行為過程，也無法在實驗室中獲得。不用特別的聲調，也不用提及狗的名字，只要主人一說：「不知道該不該帶牠出去呢……」即使語氣單調且沒提到狗名，狗仍會立刻出現在主人眼前，搖擺尾巴，興奮地晃著身軀，因為牠已經嗅到了散步的氣息。如果主人說：「現在就出去吧！」狗會立刻順從地起身；如果主人改變決定：「還是不帶你出去了。」那麼原本因期待豎起的耳朵也會難過沮喪地垂下。儘管如此，狗還是持續以滿懷期待的眼神注視主人。當主人最終宣布：「待在家裡！」狗就會垂頭喪氣地走開，然後趴伏在一旁。不妨想像一下，要在實驗室這種人為環境下產生類似的實驗效果，得採取多麼複雜的實驗方法和繁瑣的訓練呢！

我從未和任何大型類人猿產生過真正的友誼，但友人漢斯夫人卻擁有完美的經驗，顯示人類和類人猿間也可能維持長達多年的親密社交行為。若說前述結果是由鑑識眼光且經驗豐富的科學家和動物間相互的強烈情感所促成，那麼和人類的親密交往可能正是動物知性能力的最佳試驗。

將狗和類人猿比較雖言之過早，但我個人認為，類人猿雖在智力等各方面優於狗，狗卻比類人猿更能理解人類的語言。在某些方面，狗甚至比人們認為最聰明的猴子更具「人性」。

狗和人類一樣是家養動物，狗的家養化也和人類一樣仰賴著兩種體質上的稟賦：第一是從本能行為的固定模式獲得解放，如人類一樣，狗也從此開啟發展新行為的大門；第二是持久的青春活力，對狗來說，正是牠們終生渴望愛情的根源；對人類來說，則可成就人們開放心胸並持續到老的黃金歲月。一如英國詩人華茲華斯（William WordsWorth, 1770-1850）歌頌的一種開闊自由的胸懷：

我於孩提時期如斯
年歲漸增依然如斯
走向垂暮依然如斯
若非如斯，毋寧死

Chapter 14

愛的需求

這個故事總讓我想到常吹噓自己的狗多麼英勇或擁有卓越資質的人。遇到這種人時，我通常會反問他現在是否還養著這條狗，然而對方的回答多半是：「沒養啦，不得不放棄啊！因為要搬到其他城市，新家太小！」、「換了工作，養狗不方便！」諸如此類的辯解。更讓我驚訝的是，許多道德健全的人並不為此感到羞愧，似乎未意識到自己的行為和雪靴艾爾故事中所諷刺的人類行徑毫無二致。

你深知我的靈魂堅定，
為了讓你遠離災難，我願一死！
你願否回應這情感的請求，
以友誼伴我走下暝色之山？

——英國作家　湯瑪士・哈代

我曾經讀過一本很有意思的小說，其中收錄了一些瘋狂的故事，書名叫《雪靴艾爾的床邊故事》（*Snowshoe Al's Bedtime Stories*）。這本書表面上看似荒誕無稽，實則隱含了尖銳的甚至有幾分無情的諷刺，這是美式幽默的特色之一，歐洲人卻未必能輕易理解。故事中，雪靴艾爾以浪漫感傷地語氣敘述狗兒的英勇行為。以美國西部的浪漫空想為背景的喜劇作品中，描寫著難以置信的勇氣、誇張的英雄氣概，以及無可救藥的利他主義情懷。故事的多處高潮段落包括好友從狼、灰熊、飢寒交迫和各種危險中救出主人翁的動人場景。最後故事則以主人翁的簡單陳述作結：

「此時，牠（好友）的腳已經嚴重凍傷，因此很遺憾地，我不得不射殺牠。」

這個故事總讓我想到常吹噓自己的狗多麼英勇或擁有卓越資質的人。遇到這種人時，我通常會反問他現在是否還養著這條狗，然而對方的回答多半是：「沒養啦，不得不放棄啊！因為要搬到其他城市，新家太小！」、「換了工作，養狗不方便！」……諸如此類的辯解。更讓我驚訝的是，許多道德健全的人並不為此感到羞愧，似乎未意識到自己的行為和雪靴艾爾故事中所諷刺的人類行徑毫無二致。動物與生俱來的權利不但未獲法律條文所保障，更被人類的無情冷漠給踐踏了。

不落人後的愛

狗的忠誠是人類彌足珍貴的禮物，狗與人類間的友誼亦不受道德責任的束縛。任何有意尋找狗兒相伴的人一定需要知道這點：人和狗的情感是世界上最永恆的關係之一。當然，我必須承認狗的愛有時真的讓人招架不住。

我曾在一次滑雪旅行中遇到一隻名叫赫斯曼的漢諾威獵犬（Hanover），牠讓我領教到被狗深深「愛戀」的滋味。赫斯曼當時才滿週歲，是一隻不受主人重視的家犬，他的主人是一位林務人員，只喜歡另一條老德國剛毛指示犬（German Pointer），根本無暇理會這隻毫無獵犬資質的笨拙小傢伙。赫斯曼溫和敏感且對主人心存些許畏懼，也顯現這位林務人員訓練狗的能力著實一般；不過一開始，我也確實沒發現赫斯曼任何討喜之處。在我抵達當地的第二天，赫斯曼就已經時刻跟著我，我原以為牠是一隻諂媚的狗兒，但事實證明我錯了，牠只是靜靜地跟著我。

一天早晨，我發現牠睡在我的臥室門外。突然間，我改變了對牠的看法，甚至自忖這隻狗對我的愛意是否已然萌芽。我離開的那天，赫斯曼並無意收回對我的熱愛，我原本試著抓住牠，想把牠移至他處以防牠繼續跟隨，但牠拒絕靠近。只見可能過度受驚的牠，身體開始微微顫抖，尾巴也縮進了兩腿之間。最後，牠站在安全距離外，以眼神對我說：「我願意為您做任何事，唯有離開您除外！」我最終還是妥協了。

「林務官，這隻狗您要賣多少錢？」在這位林務人員眼中，這隻狗的行為完全是個逃兵，於是毫不猶豫地回答：「十先令。」他的話聽起來彷彿在咒罵又像另有盤算，我在他反悔前趕緊把十先令塞到他手裡，然後帶著赫斯曼離開。我原以為赫爾曼會受良心的譴責而保持一定的距離偷偷跟隨，但事實證明我又錯了。只見牠像砲彈一樣從側面猛地朝我撞擊，我失去平衡在冰凍的地面摔得四腳朝天。儘管我身為一名優秀且擁有良好平衡感的滑雪者，仍禁不住一隻大狗的興奮衝撞。看來我完全低估了這隻狗兒對所處情況的理解能力，至於赫斯曼則在我倒下的身體旁，踩起了快樂的舞步。

我總是非常認真地考量狗的忠誠所應負起的責任，也曾不假思索地拿自己的生命做賭注，只為了救了一隻掉進多瑙河中的狗。記得當時的氣溫大約是攝氏零下二十八度，這隻狗是我的德國牧羊犬賓果，牠沿著結冰的河邊慢跑，不小心滑跤掉入河裡。賓果的腳爪抓不住冰面邊緣，怎麼爬都爬不出來。在多次嘗試攀登陡峭河堤的過程中，賓果的體力急速下降，游泳的姿勢也越發僵硬，眼看就要溺斃。

我跑向前方數公尺的下游處，匍匐爬行到冰面邊緣，當賓果被水流沖到我能搆著的位置時，我一把抓住牠的脖子，朝自己的方向猛拉；然而，因為我和賓果的體重太重，冰面竟應聲崩裂，我瞬間滑入冰冷的河水中。相反地，賓果的頭因朝向岸邊，所以能慢慢地滑向堅固的冰面上。此刻情勢完全顛倒，輪到賓果在冰岸上擔憂地四處奔跑，而我則被沖到更下游處。還好人類的手比狗爪子更容易攀住光滑的冰面，我的腳也逐漸探著了河床底部，最後我靠著臂力撐起上半身，順利攀上冰面逃過此劫。

當我們判斷人和人之間的友情程度時，通常以能否不求回報地付出更大犧牲作為標準。看似冷酷的尼采曾說過這樣美麗的一句話：「一定要付出更多的愛，並奉行絕不落人後的守則。」和人相處時，我經常能履行這句話，但和一隻真正忠誠的狗相處時，我的付出卻經常不如牠們。多麼奇怪且獨特的友誼關係啊！讀者諸君是否想過這是何等不尋常的情誼？就連擁有理性和道德感，同時極度信奉同胞愛的人類，在這方面仍比不上狗這種動物。我這麼說並不表示我耽溺於感傷的擬人化情緒。即使是高貴的人類情愛也非源於理性或道德，而是來自古老世界及存在的更深層本能情感。再高尚無私的情感，如果出於理性而非本能，很大程度上亦將貶損其價值。

英國維多利亞時代詩人白朗寧（Elizabeth Browning）曾說：

愛我
無須任何理由
只為愛而愛

即使在今日，無論人類的理性和道德感如何超然於動物，人心依然十分近似高等社會性動物的心靈。不可否認的是，我的狗愛我勝過我愛牠，這一點常讓我感到羞愧，因為我的狗必定會為我奉獻生命。倘若我遭遇獅子或老虎的襲擊，阿莉、普里、娓托、斯塔茜和其他的狗，絕對會毫不猶豫地投身到這場毫無勝算的戰鬥中。然而換作是牠們深陷同樣的危險，我是否也會為牠們做出同樣的事呢？

Chapter 15

Dog Days

動物性的解脫狀態是緩解精神壓力的特效藥，不僅撫慰了現代人紛擾的心靈，同時治癒身心的諸多創傷。當我處在這種身心自由的「天堂」中，儘管身心不見得可立即獲得平撫，但若有動物的陪伴就更容易獲得療癒。這就是我總是需要忠誠的狗陪伴的根本原因。

那閃耀的水的氣味，
還有那石頭的勇敢氣息。

——英國作家　G．K．卻斯特頓〈狗兒奎德勒之歌〉

我不知道「Dog Days」（狗日子）*一詞是怎麼來的。有人認為源自天狼星，但究其詞源，德國北部地方使用的「夏季淡月」☆可能更為恰當。但就我個人來說，這個詞用得再恰當也不過，因為我習慣在這段時間專注和狗作伴。每當夏季接近尾聲，我就對接連而來的腦力勞動，以及各種應酬和故作姿態的行為感到厭煩不已，一瞧見打字機就頭疼作嘔。當這些情緒朝我一擁而上時，我只想躲開人類，投入狗兒的世界。之所以是狗，也是因為我不知道還有哪個懶散者能陪伴如此心境的我。我擁有一種天賦，能在心滿意足的狀態下徹底關閉思考能力，這是我維持心靈平靜的重要條件。

在炎熱的夏日裡，當我遊過多瑙河，置身毫無人類文明象徵的景致，像沼澤中的鱷魚般躺在這條偉大河流如夢般的淤泥中時，常會進入東方聖賢所言「無我」的境界。即使未陷入沉睡，我的神經中樞也能和大自然融為一體。在這境界中，思考已完全停滯，時間也不再具任何意義。我經常忘了時間，直至太陽西沉，當清涼的晚風讓我意識到該往回游，爬上泥濘的河岸時，我竟渾然不覺這段過程中，自己究竟只過了數秒抑或數年。

這般動物性的解脫狀態是緩解精神壓力的特效藥，不僅撫慰了現代人紛擾的心靈，同時治癒身心的諸多創傷。當我處在這種身心自由的「天堂」中，儘管身心不見得可立即獲得平撫，但若有動物的陪伴就更容易獲得療癒。這就是我總是需要忠誠的狗陪伴的根本原因。正因如此，我的狗最好保有野性的外表，而非一身華麗裝扮，以免煞了這美麗的風景。

＊譯注：一般說法認為，北半球七到九月的天氣多半酷熱難當，古羅馬人相信這種現象是天狼星和太陽同時起落所致，因此稱此期間為 *dies caniculares*，翻成英文就是 Dog Days，後來被沿用形容一年當中最炎熱的日子。

☆譯注：德文諺語，意為「酸黃瓜期」，源自十八世紀，原指青黃不接時期。

橫越多瑙河

前日的拂曉時分酷熱難耐，我絲毫提不起腦力工作的興致，於是又成為一個天賜的「多瑙河之日」。我帶著用來裝餌料的漁網和玻璃瓶離家，每次遠征多瑙河，我總會帶著工具為我的魚兒捉些活餌回來。同樣地，在蘇西眼中這一切也和往常一樣意味著美好一天的到來，牠非常確信我是為了牠才展開遠足的，當然牠想的也不能說完全不對。牠深知我不僅會允許牠跟隨左右，而且十分看重牠的陪伴。雖然牠確信我不會丟下牠，但在走出家門的通道中，仍把身體緊貼著我的腳，接著便驕傲地豎起蓬鬆的尾巴率先踏上街道。牠那舞蹈般優美的跳躍步伐，似乎在向村裡的其他狗炫耀，即使沒有吳爾夫的陪伴，牠也毫無畏懼。題外話，蘇西經常和村裡雜貨店的一隻長相駭人的混種狗調情，儘管吳爾夫非常厭惡這隻狗，但蘇西卻對這長相不甚討喜的傢伙青睞有加。但今天蘇西可沒工夫理牠，當牠跑過來一如往常想逗弄蘇西，女孩馬上皺起鼻子並露出了閃亮的獠牙，接著一邊小跑步一邊朝各家籬笆後的「敵人們」咆哮示威。

村裡的道路幽暗，我赤腳走過只覺堅硬冰涼。走過鐵路橋，通往河流的小路上堆積著厚厚的沙塵，走在暖和的塵土上，趾間像被泥土溫柔地愛撫般微微搔癢，眼前就是前方蘇西跑過的腳印，腳印上的靜謐空氣揚起一小團雲狀煙塵。蟋蟀和蟬歡快地鳴叫著，河堤附近也傳來黃鶯和黑頭翡翠的歌聲，謝天謝地牠們並未因炎熱而停止鳴唱。

這條小路直通一片剛修整過的翠綠草地，蘇西越過小路踏上這特別的「捕鼠」地。只見牠的步伐開始變得小心翼翼，頭部興奮地高高抬起，尾巴朝後方壓低垂下，幾乎觸及地面。這時的蘇西看起來簡直就像是一頭肥胖的藍毛北極狐。突然間，蘇西像彈簧一樣衝了出去，在前方兩公尺處呈半圓狀跳起一公尺高，隨後將四肢緊緊靠攏，再挺直伸出穩穩落地，如閃電般竄進矮叢中連番啃咬。牠用鼻子拱著地面，同時發出了沉重的鼻息，隨後抬頭疑惑地望向我，尾巴不停搖擺著。這次被老鼠逃跑了。蘇西愈挫愈勇，依舊躡手躡腳地在草地上尋覓，不過牠四度撲向草叢中都一無所獲。我並不意外，因為田鼠的速度驚人且異常敏捷。

就在電光火石間，這隻小鬆獅母狗像皮球般朝空中彈跳起來，當牠四肢再度著地時，我聽見了一聲尖銳痛苦的吱叫聲。蘇西的口中咬著一個物體，但因擺動幅度過大，嘴裡咬的物體掉了下來，緊接著一隻灰色的小小身影竄起，在空中畫了一個半圓，蘇西趕緊躍起直追，在空中畫出一個更大的半圓。經過多次撲咬，蘇西捲起嘴唇以門齒逮著了這隻正在草叢中拚命吱叫掙扎的小傢伙。

蘇西回頭望向我，轉身朝我展示這隻肥大扭動的田鼠。我大大讚揚了牠一番，稱牠是最令人敬佩的獵手。我雖然很同情田鼠的遭遇，但畢竟對牠毫無所悉，而蘇西則是我必須和牠分享勝利喜悅的摯友，因此若牠吃掉田鼠，我的良心也比較能過得去。不過這也成了為蘇西的行為辯白、將殺戮行為合法化的藉口了。蘇西一開始只用牙齒輕輕啃咬，鼠身遭支解變得模糊，後來牠乾脆將田鼠放到嘴裡狼吞虎嚥，全部吞入腹中。捕鼠行動至此大功告成，蘇西咂咂嘴催促我繼續趕路。

沿著小徑抵達河邊，我脫去身上的衣物，把衣服和漁具藏了起來。這條小路連接了昔日馬匹拖拉駁船的舊道，朝河流上游延伸。如今小路已雜草叢生，只留下人和動物踩出的狹窄小徑。小路穿過茂密的森林，兩旁滿布蕁麻和野生草莓，行經冒密生長的紫苑科植物秋麒麟草時，我不得不用雙臂護著身體，以免被這種多刺植物扎傷。野生植物叢中的潮溼熱氣令人難以忍受，蘇西氣喘吁吁地跟在我身後，對可能藏在灌木叢中的獵物也提不起興趣。我早已汗流浹背，更何況是披著厚重皮毛的蘇西。好不容易到達目的地，我決定從該處渡河。河川的水位仍然較低，滿布石礫的寬廣河岸直直延伸入河。我艱難地在石礫上步行，蘇西卻興高采烈地跑到我的前頭，縱身躍入水深及胸的河裡，快樂地游起水來，僅僅露出腦袋，彷彿一個奇異的小石頭漂浮在廣闊的河流中。

等我下水之後，蘇西挪近我的身後並發出微弱的鼻息聲。牠不曾穿越多瑙河，而河川的寬度讓牠心生畏懼。我發出呼喚聲幫牠打氣，並繼續朝水中走去，當水深及膝時，蘇西開始滑動四肢游水，水流卻迅速將牠沖向下游。為了追上牠，我也開始游泳，儘管水位對我來說還很淺，但為了撫平牠的不安和牠同速前進，牠也逐漸沉穩地游了起來。能在主人身旁游泳的狗是十分聰明的，許多狗會感到疑惑主人為什麼在水中不像平時那樣站立，常因而出現尷尬的場面，例如有的狗為了靠近主人露在水面上的頭，就用划水的前腳爪狠狠地抓向主人的後背。

反觀蘇西，很快就明白人類在游泳時會呈水平前傾的姿態，所以謹慎地避開我的後背。不過寬闊的水面和湍急河流依舊讓蘇西神經緊張，所以牠還是盡可能地游近我的身旁。沒多久，憂慮漸增的蘇西從水中站起身，回頭看向我們來時的河岸。我擔心牠沿路折返，所幸一會兒後牠再度定下心，繼續安靜地和我並肩游水。此時又出現了另一個難題：由於蘇西過度緊張且渡河心切，我反而開始跟不上牠的速度。為了追趕牠，我累得氣喘吁吁，但牠還是再三超前；每當牠發現自己超越我數公尺以上時，就會掉頭游回我身邊。但這過程其實存在著潛在的危機，因為牠游返的視線正好朝向來時的岸邊，因此其中幾次蘇西竟離開我身旁打算游回去。對於一隻情緒不安的動物來說，家的方向比任何事物都更具牽引的力量。無論如何，游泳時改變路線對狗來說並不容易，當我成功引導牠繼續朝前方游水後，我才如釋重負。所以為了追上牠我卯足全力，當牠又想折返時我就大聲叫牠繼續加油。過程中，蘇西不但理解我的激勵，並同時依指示行動，由此又再次證明蘇西的智力比起一般的狗來說優秀許多。

隨後，我們登上了一座比來時陡峭許多的山丘。蘇西領先我數公尺爬上岸，在乾燥的地面邁上幾步後，身體明顯地前後踉蹌了幾下。這種輕微的失衡狀態會在幾秒內就結束，我在長時間游泳後也有類似經驗，許多泳者也深有體會。儘管我曾多次在狗身上見過這種情況，卻未見過像蘇西這麼明顯的例子。這種現象和疲憊無關，因為蘇西立刻向我表達了征服溪流的喜悅：牠沉醉於狂喜，在我周圍小跑步繞圈，接著叼來一根小樹枝，希望我陪牠玩扔樹枝的遊戲，我欣然接受。遊玩盡興後，蘇西飛快地衝向一隻停在岸邊約五十公尺處的鶺鴒；這並非意味著牠天真地以為能抓到這隻鳥，而是牠深知鶺鴒喜歡沿著河岸飛行，且每飛行數十公尺又會停在岸邊，是狩獵時絕佳的帶路者。

我很高興我的小摯友能如此愉快，牠參與橫越多瑙河的長泳之旅對我而言意義重大。為此，我打算好好獎賞牠首度成功渡河，而最好的禮物，莫過於帶牠到河岸邊人跡罕至卻神清氣爽的荒地上散步。和動物朋友一起漫遊在茫茫原野上收穫良多，尤其當牠隨心所欲遨遊時更是如此。

我們沿著河岸朝上游走去，走到河流末端的回水處，這裡水位高且水質乾淨。我們繼續前行，河流被分割成許多小水池，愈往前水愈淺。這些回水形成一種十分奇特的熱帶風貌。堤岸植物繁茂且地勢驟降，幾乎和水面垂直相連，周圍長滿了茂盛的植被，高高的楊柳、白楊和橡樹形成天然的植物園，緊緊環繞堤岸。翠鳥和黃鶯是這道風景的居民，牠們和多數棲息於熱帶的鳥兒屬於同類。水中長著茂密的沼澤植物，瀰漫的潮濕熱氣一如典型的熱帶產物，團團籠罩著這道極美的叢林景觀，唯有常赤身泡在水裡的人才能領略熱帶地區獨有的濕熱。不可否認的是，瘧蚊和大量的牛虻也加強了熱帶的氛圍。積水處的泥濘地上隨處可見河邊居民的腳印，彷彿嵌入黑色石膏中般。每一次的降雨或滿潮後，人們的足跡都將深深地印在這片堅硬的泥土地上。

誰說多瑙河畔沒有牡鹿的蹤跡呢？根據腳蹄的痕跡判斷，這裡必定還出沒著許多大型動物，然而就連發情期也很難聽到牠們的叫聲。先前大戰在這片土地上留下的傷害仍在，動物們已變得草木皆兵。狐狸、鹿、麝香鼠和一些小型齧齒動物，以及為數眾多的濱鷸、鷹斑鷸和鴴，牠們的腳印相互裝飾著這片泥土地。連我看到這些足跡都極富興趣，那麼可想而知，我的小鬆獅犬會多麼興奮！蘇西縱情於一道道美妙的氣味盛宴，嗅覺不靈敏的人類對此自是毫無感覺。不過，牡鹿的腳印絲毫引不起蘇西的興趣，謝天謝地，牠並非大型獵物的獵手，只熱中於捕老鼠。

麝香鼠的氣味很特殊，蘇西興奮得渾身顫抖，將鼻子緊貼地面，尾巴朝上傾斜伸起，躡手躡腳地跟隨足跡來到了嚙齒動物的洞口。由於水位降低，原本在水位下的洞穴露出了水面。蘇西將鼻子伸進洞中，貪婪地聞著獵物的美妙氣味，牠甚至開始挖洞，做起徒勞的舉動來。我不想破壞蘇西的興致，俯臥在微溫的淺水中，任陽光曬著後背。許久之後，蘇西抬起滿足且滿是泥濘的臉望向我，擺著尾巴一面喘著大氣走近，涉入水中躺在我身旁。我們靜靜地在水中待了約一個小時，還是蘇西起身並催促我上路。

我們來到了上游更乾燥的小徑，拐彎後看到水窪旁有隻大麝香鼠，由於是逆風而上，麝香鼠早已察覺我們的到來。這隻如王者般的巨鼠俊美無比，是蘇西夢寐以求的獵物。蘇西和我如石像般佇立，然後牠開始悄悄走近這隻美麗的獵物。蘇西離巨鼠愈來愈近，當牠來到我和老鼠的中間點時，老鼠終於發現了蘇西，嚇得渾身顫抖。我覺得有機會抓住老鼠，因為牠可能會跳進那滿是石頭的水池中，而那裡完全沒有出口，而老鼠的巢穴距離此地至少數公尺遠且在水位線上的高度。不過我倒是低估了巨鼠的智商，牠驚見蘇西後，如閃電般竄出泥地，朝岸邊逃命。蘇西也不是簡單的角色，像出膛的砲彈般緊跟在後。蘇西非常聰明，並非直線追趕，而是急速轉變方向試圖攔截大鼠。眼看蘇西即將抓住老鼠，老鼠卻在僅差半公尺的距離時藏進了安全地帶。倘若蘇西沒有高聲吠叫而以全副精力追趕，大鼠或許已成為牠的囊中物。

我猜想蘇西會花上一些工夫在地上挖洞，於是欣然地躺在水塘的泥巴中享受日光浴。但牠只是遺憾地嗅了嗅洞口，就垂頭喪氣地折回我身邊，並和我一起享受泥巴中的日光浴。此刻，我倆都覺得是一天閒暇時光中的高潮時刻。金色的黃鶯正在鳴唱，青蛙呱呱直叫，大蜻蜓閃動著光亮的翅膀幫我們揮趕惱人的牛虻，拜其所賜，我們得以在午後飽睡一場。

我覺得這時的自己比任何動物都更像動物，甚至比我的狗還要懶，宛如一隻懶洋洋的鱷魚。之後蘇西又因無聊而蠢蠢欲動，百無聊賴地追趕起青蛙。青蛙趁著我們的懶散，行動上變得越發大膽。蘇西悄悄靠近距離最近的一隻，想用牠的飛撲絕技捕殺新獵物，無奈前腳只在水中濺起了水花，青蛙早已一溜煙逃跑了。蘇西抖落臉上的水珠環顧四周，納悶著青蛙的蹤跡。接著牠以為自己發現了目標，結果那只是池塘中央一株水生薄荷的嫩芽。事實上兩者一點都不像，但狗兒視力極差才誤認為是獵物的頭部。蘇西盯著目標，頭一會兒偏左一會兒朝右，然後才以非常緩慢的速度走進水中，游向這株植物，張嘴咬住。牠一副困惑並環顧四周良久後，才往回朝我看看，游回岸邊，躺在我身旁。

「回家吧！」聽我大聲說道，蘇西隨即躍起身吠叫了幾聲，這是牠回應我「是！」的方式。我們穿過叢林徑直朝河邊走去。此時我們走在阿爾騰堡更上游處，水流速度高達約每小時十二公里。蘇西已不再害怕這座大河，依舊安靜地在我身旁游水，隨水流漂浮。我們在藏放衣服和漁具的地點上岸，接著匆忙為家中的魚兒捕捉了美味的晚餐食餌。我們帶著滿足的心情在暮色中踏上歸途。途經那片獵鼠地時，蘇西再度幸運地捕獲三隻肥大的田鼠——也算是先前敗給麝香鼠和青蛙的絕佳補償。

Chapter 16

貓的遊戲

比起種族存續而賣力演出的行動，遊戲被視為更高境界的精神性活動。遊戲和真實行動不僅在消極意義上有所不同，在積極層面上也有所差異。遊戲（尤其是幼小動物的遊戲）中通常隱含著某些發現，是成長的生命體所特有，而成年後的動物在這方面則已經退化。

彷彿牠傾一生之力的志業，
只是無休無止的模仿。

——英國詩人　威廉．華茲華斯

自然界裡，美與功能或者藝術與技術的極致，往往以奇妙的形式結合成某些事物，例如蜘蛛網、蜻蜓翅膀、海豚的流線體型或貓的動作。貓的動作優雅至極，即使是天賦才能的舞者竭盡心力加強舞蹈動作，也可能難以匹敵。此外，貓的動作也非常實用，就連依循物競天擇所延續的任何動作也難以凌駕其上。

貓似乎也意識到自己的運動美感，活動時總是充滿喜悅，彷彿為臻至完美而演出。貓的遊戲是所有動物中最優美的一種，在貓的生活中也占據相當特殊的地位。

「遊戲」的真相

從動物或人類心理學的角度來看，為「遊戲」下定義是非常棘手的難題之一。

小貓、小狗或孩童玩遊戲時，我們確知遊戲所代表的意義，但如果要為這種具高度意義的活動下確切定義，卻非常困難。所有形式的遊戲都有共通的特質——和「真實」有著根本上的差異，但形式上也包含了真實狀況的模擬。而前述特質也適用於成人的遊戲，例如從玩牌或棋賽中可以發現知性或展現才能。

儘管有基本的相似性，「遊戲」仍是非常籠統的概念，包含了各式各樣的活動，例如嚴謹的巴洛克舞或木藝工作坊，或是幼兔在未受肉食動物追逐下卻拚命來回奔跑，也都屬於「遊戲」。

小貓像往常一樣逗弄毛線球，牠先朝遊戲的對象伸出前腳，腳的前端微微朝向內側，然後像探索什麼似地悄悄往前觸摸，接著亮出爪子，把毛線球拉到跟前，試著按壓看看，或跳開兩、三步，擺出窺伺獵物的蹲伏姿勢，一臉緊張並抬高頭部，雙眼緊盯玩具。

接著貓冷不防低下頭，由於動作太過突然，讓人納悶牠的下頷是否撞到了地板。而牠的後腳交互做出步行或搔抓動作，看似在尋找堅實的踏腳點以利跳躍。突然間，貓猛一跳，身影在空中劃出了圓弧，前腳僵直地緊緊靠攏撲抓毛線球。如果遊戲進入佳境，牠甚至會咬起毛線球來。

接著，貓再度按壓毛線球，毛線球隨即滾入擺放餐具的櫥櫃下方。櫥櫃和地面間的縫隙很小，貓無法鑽進去，於是牠熟練地把一隻腳伸進縫隙揮動，然後用爪子勾出毛線球。任何看過貓捉老鼠的人，都很容易理解（我那隻不在母親身邊長大的）小貓所表演的一連串高度專業動作，這些動作也是捕捉獵物的實用招數。

如果把玩具稍加改良，綁上線繩，並從上方垂吊，小貓的狩獵方式就會完全不同。貓會高高躍起，兩隻前腳向上伸展，並從側面拉扯，直到雙腳奪取到獵物為止。在一連串行動中，貓的前腳看起來異常的大，趾爪全力伸展開來，拇趾的鉤爪彎曲程度幾乎和腳垂直。這種撲抓動作是許多小貓遊戲時喜歡展露的招數之一，和牠們追逐地面上即將飛起的小鳥動作如出一轍。

小貓嬉戲時還有另一個常見的動作，但因為極少在實際生活上應用到，所以不清楚此動作在生物學上所代表的意義。這招是前腳內側和爪子朝上伸展的快速動作。小貓的前腳伸入玩具下方，把玩具高高拋過自己的肩部，接著一面跳躍一面展開追逐；如果玩具很大，小貓可能笨拙地朝玩具直直站立，然後從玩具下方兩側伸入前腳，再把玩具往後方高高拋擲過頭部，形成大半圓形拋物線。貓也經常注視飛行的獵物，並高高跳起企圖撲抓，然後在獵物落下的地點巧妙著陸。這兩種動作的實際目的是抓魚，前者的捕獵對象是小魚，後者則是大魚。

此外，更有趣、更美的運動出現在小貓之間，以及小貓和母貓相互遊戲時。這種運動的生物學意義比獵捕運動更難說明，因為當貓和單一對象遊戲時，會把牠們和不同對象遊戲時的多種本能動作相互混合表現出來。

一隻小貓躲在煤炭箱後面，緊盯著坐在廚房地板中央的貓兄弟，而貓兄弟並未察覺小貓的盯梢。小貓如嗜血的老虎般前後擺動尾巴，因期待而渾身顫抖，還做出一連串大貓常表演的頭部與尾部動作。

接著小貓突然跳出，這動作不是為了狩獵，而是打鬥時的連串動作。小貓並未採取對待獵物的方式猛撲貓兄弟，而是以替代性的行動，一面跑同時弓起背脊，側腹朝向目標，擺出恫嚇的姿勢持續前進。被攻擊的小貓也高高挺起背部，兩隻貓於是各自豎起毛髮，並斜垂尾巴相互瞪視了好一會兒。然而，這種情形絕對不會發生在大貓之間。

雖然兩隻小貓的動作看起來像是把對方當成狗看待，但牠們的遊戲仍然朝公貓打架的情況發展；小貓的前腳彼此緊緊纏繞，輪流粗暴地翻著筋斗，後腳的動作則讓人覺得，如果扮演牠們的對手必定會十分痛苦。小貓利用前腳的蠻力緊抱玩伴，再用兩隻張露腳爪的後腳猛力頂撞，快速連續踢開對方。然而真正打鬥時，這種試圖撕裂對方的攻擊，一定要打在敵人毫無防備的下腹部，才具有真正的破壞力。

打鬥結束時，小貓會放開彼此，接著通常會展開一場興奮無比的追逐賽。這時也會出現另一種優美的動作，當兩隻相互追逐的貓靠近對方時，被追的一方會突然悄然翻個筋斗，身體挺直於追逐者正下方，然後用前腳頂住對手不設防的部位，同時用後腳抓搔對方臉部。

這些遊戲運動和真正的打鬥有什麼不同呢？如果從形式來看，就算是老練的觀察者也很難分辨其中差異，但兩者間確實有一不同之處：無論遊戲的動作源自狩獵、和同類打鬥或擊退敵人的任一種情境，都絕不會嚴重傷害對方。遊戲達到高潮時一定要加強社會性克制，免得會真的咬傷或嚴重抓傷對方。相反地，真正打鬥時，一連串特殊動作的激烈情緒則會抵消社會性克制的力量。

動物處於拚命狀態時，心理狀態和平常不同，而這種特殊的心理狀態可以讓動物迅速移轉為特殊的行為模式（也只限於這個模式）。在此情況下，就算沒有相應的激動狀態，仍會發展出獨具特徵的行動，這就是遊戲的特徵。

所有的遊戲和遊戲的動作之間存在著一個事實：那就是行動者會「假裝」被感受不到的感情所支配。遊戲時，對生物性目的有幫助的一連串動作，會以不規則的連鎖形式表現出來，但因缺乏某個真實狀況的動作環節，所以亦欠缺了特殊的激動狀態。也就是說，雖然做出了打鬥動作，卻不帶憤怒的情緒；有逃命行為，卻沒有恐怖的心理；有狩獵姿態，卻無飢餓感或貪欲。

遊戲時，真正的激動情緒並非被淡化，而是根本就不存在。一旦參與遊戲的動物突然產生任何一種激動情緒，遊戲就會立刻結束。遊戲的刺激來自不同根源，這種刺激也比遭遇危險時奮力抵抗的衝動情緒更為普遍。

所有生物中，只有精神最高超者才會產生遊戲時的衝動，或產生從事激烈行動的欲求（純粹為了享受）。十九世紀英國詩人布里吉斯（Robert Bridges, 1844-1930）曾以詩句描述這種心態：

我想再寫點什麼
喜悅蘊含於創作
即使明日
覺醒回想
竟如夢中囈語

幼小動物的遊戲情景能觸動人心，不是沒有理由。同樣地，相較於種族存續而賣力演出的行動，遊戲被視為更高境界的精神性活動，也有其道理。遊戲和真實行動不僅在消極意義上有所不同，在積極層面上也有所差異。遊戲（尤其是幼小動物的遊戲）中通常隱含著某些發現，是成長的生命體所特有，而成年後的動物在這方面則已經退化的。借用德國哲學家卡爾．谷魯司（Karl Groos, 1861-1946）的說法，遊戲是「前模擬階段」（pre-imitation）；換句話說，遊戲類似動物個體生活史中天生的遺傳行動——惡作劇。谷魯司認為遊戲極具教育價值，透過反覆頻繁的惡作劇，可以完成各種不同的動作。

不過，我們卻有強而有力的證據來質疑這項主張。本能、遺傳動作就像肉體器官的成熟一樣（許多觀察可作為佐證），不需透過任何學習。此外，當我們看到「捕鼠」或小貓表演其他遊戲動作時也會了解，這些行動不但沒被改良，也不需要改良。

但是，小貓確實可以透過遊戲學習，知道老鼠是什麼，而不是從遊戲中學會如何捉老鼠；小貓在毛線球後方用前腳抓取或謹慎猶豫地鉤拉，其實和下面的疑問有關：究竟是自己熱切盼望的東西？或是悄悄靠近、追隨、捕捉，然後吞食的東西？繼承而來的捕食模式（也就是「本能」啟發捕食動作的遺傳機制）相當單純，並不難理解。

對貓來說，任何體積小、圓而柔軟、滑溜且能快速滾動，以及任何會「逃」的東西，儘管以前從未碰過，也能自然而然引發牠優美洗練的「捕鼠」行動。

Chapter 17

貓的愛情

看著眼前蜷伏在我膝蓋上，心滿意足地低吟、馴服且深情的小動物，總讓我難以置信幾個小時前，牠竟是個野性十足、冷血不屈、叫聲清晰可聞、無法無天的傢伙。儘管享有如此廣闊的自由，卻絲毫不影響托瑪斯和人類的從屬關係。即使牠經常流連在外過著率性的野生生活，這隻乖張且氣勢十足的花貓，卻是我所知道最情意深濃的小傢伙了。

沉著　容忍　含蓄
豪華　神祕的睿智
冷靜的殘酷

——英國植物學家　威廉．沃森

有人愛狗，卻無法忍受貓；有人喜歡貓，卻討厭狗。我認為，這兩種人的想法都流於偏頗。

事實上，只有同時喜愛這兩種最親近人類的動物，才對動物擁有真正的愛和理解。對於真心熱愛自然的人來說，激發最高熱誠和敬意的，正是生物界無窮的多樣性，以及彼此間的調和。

如何贏得貓的愛情？

從人類心理學來看，探討動物迷對待動物的方式究竟何等聰明、花樣如何繁複，確實非常有趣。

不論是喜愛動物或從事科學研究，所有動物迷都希望藉由各種方式更了解動物的行為。許多博物學家從事觀察時，都希望盡可能不影響動物，就像藏身隱蔽場所觀察野外鳥類的學者或攝影家，他們也刻意避免和被觀察的動物接觸。

這些專家的工作成果和動物是否注意到他們息息相關，所以他們必須採取因應的行動。與此迥異的是，能和動物維繫親密關係的人們，因為被動物當成了同類，所以可以完全不同的管道進入動物的內心深處。

前面提到的兩種方式都已經正當化，也有各自的變化組合與優缺點。那麼我們究竟該採取哪一種方式呢？答案不只視觀察者而異，也得依被觀察的動物種類來決定。假如動物的知性愈高、性情愈社會化，想真正了解牠，就必須和牠接觸。如果從未贏得狗的愛，就無法評估狗的精神秉性，大烏鴉、大鸚鵡、猴子等過著群居生活的機靈動物也是一樣。

但是對貓來說，情況卻稍有差異。貓的心性非常微妙，至今仍維持著野生時的狀態，牠們對於那些強迫推銷愛的人並不領情。貓並不是群居動物，牠們可能感謝並樂於接納人類的照顧或「疼愛」，性格卻一點也不孩子氣。貓是不倚賴人類的野生小型豹，而且始終維持這種個性，無奈許多熱心的貓奴卻完全無法理解貓對獨立的企望。

飼養動物的人如何斟酌自己所給予的愛，顯現了他對動物和自然是否有正確的知識和理解。經常聽到錯誤的論調指稱，在都市小家庭裡養狗是殘酷的行為，卻從來沒聽人們為屈居在都市狹小空間的貓打抱不平。

事實上，狗經常隨主人外出散步或辦事，都市小家庭對牠們來說就像大型的狗屋；但換作是家貓，如此狹小的活動空間就像個生活的牢籠。我並不是說貓因為這種監禁而遭受精神上的打擊，而是牠們狂放不羈的野性（對我來說這正是貓的主要魅力所在）因此受到某種程度的破壞。例如和我共處一個屋簷下的「小老虎」，或安居家中，或出外遊蕩，彷彿生活在森林，有時展開精采的狩獵遠征或鬧點風流韻事，始終是讓我驚奇的泉源。

早晨，每當大花貓托瑪斯二世，毛髮沾著血水、臉部掛彩、舊傷累累的耳朵又添新傷，而且像平常一樣如獅子般大搖大擺走進家門時，我便急著想知道牠昨夜決鬥的對手究竟是誰，更想知道牠和對手為了贏得哪位異性的芳心而爭風吃醋。

看著眼前蜷伏在我膝蓋上，心滿意足地低吟、馴服且深情的小動物，總讓我難以置信幾個小時前，牠竟是個野性十足、冷血不屈、叫聲清晰可聞、無法無天的傢伙。雖然享有如此廣闊的自由，卻絲毫不影響托瑪斯和人類的從屬關係。即使牠經常流連在外，隻身過著率性的野生生活，這隻性情乖張、氣勢十足的花貓，卻是我所知道最情意深濃的小傢伙了。

動物和人玩耍嬉戲、乞討食物，或靠在人的膝蓋上任憑撫摸，並不表示牠心中對人懷抱情愛、貓尤其如此。若想了解動物是否重視（即使只是些微的）和特定人的相處，可以帶牠們外出，讓牠們自行決定和人一起走，抑或朝牠們自己喜歡的方向前進。

托瑪斯一世和二世都是我親手養大的，長大後，牠們在戶外依舊願意接納我。牠們一見到我，就會用大貓表達真情的方式圓圓地嘟起嘴唇，發出奇妙的呼嚕嚕嚕聲表示歡迎；牠們也常跟著我到附近森林散步。和牠們出遊時，必須選擇貓獨自出遊所行走的路線，不要讓牠們穿過沒有樹林或毫無隱蔽的空曠場所，以免成為過路狗的目標。

起初，我對於這種外型良好、訓練有素的動物，兩三下就疲憊殿後的情形感到十分訝異。是否看過貓像狗一樣無力地吐舌喘氣呢？大部分人大概很少見過這種情形。事實上，就算是健康有活力的大貓，也無法跟隨人們慢慢散步達三十分鐘而不露倦態。所以和貓散步時不要太勉強，要配合牠們的步行速度，否則貓很快就會放棄跟隨的念頭。

相反地，如果你能配合貓朋友選擇的路程和步行速度，將有機會觀察到非常有趣的現象。尤其讓貓走在前面，靜靜跟隨，一定能有新發現。

如果沒有和貓一起散步，絕不會注意到牠們沿途聽、看、聞的東西有多少。這麼說來，牠們步行時是否小心謹慎、步步為營，隨時處於備戰狀態呢？遺憾的是，貓通常在天黑後才會展開打鬥，所以不容易看到牠們廝殺的「英姿」。

我養過很多隻貓，其中大部分是母貓。母貓在家裡比公貓和藹可親，但是偶爾在屋外碰到我時，卻連正眼也懶得瞧我一眼。牠們根本「無視」我的存在，絕對不會發出聲響來迎接主人。不論牠們如何悠哉慵懶，一旦我想加入牠們的陣容，就露出不愉快和厭煩的表情。在托瑪斯二世和其多產的妻子普茜身上，就可以看到這種明顯的對比。

即使對最信賴的人，作為野生動物的貓所付出的友情，絕對比不上在自然狀態下牠給予同種生物般深刻。不過，成熟的公貓在自然環境中能接納人類為伴，所以我認為家貓和牠們的野生祖先都不是遁世者。根據我的經驗，公貓比母貓容易和人類締結友情，但也有例外，我的母親曾飼養一對貓夫妻，名字分別叫泰都和艾妮維斯，兩隻貓都會跟隨她在林中漫步。

我無意叫人打消在都市狹小空間養貓的念頭，畢竟維持自然秉性的貓總能為市街和人類生活增添些許自然情趣。我真正想說的是，貓如果喪失自由，牠的十足魅力也會大為失色。此外我還要強調，讓貓過自然的生活，在自然的狀態下和貓接觸，如果能藉此贏得貓的愛情則再好也不過。

同時，我們也必須面對一個事實：即使貓的內心需求得到我們的充分尊重，這些小型猛獸依然經常遭受各種危險。例如我養的貓都無法壽終正寢，托瑪斯一世因前腳誤觸捕獸夾而罹患敗血症死去；托瑪斯二世則因瘋狂狩獵反遭殺身之禍，牠從鄰近農家偷了七隻兔子，結果在竊盜現場被農場主人捕殺。

難以接近、不願屈服的野生動物似乎命中注定難有祥和的死亡，鷲、獅子、老虎等動物如此，我所喜愛的貓也是如此。有趣的是，這也是貓為什麼如此適合「居家」的理由，畢竟只有在外奔波忙碌者，回到家才能舒暢休息。

在我看來，躺在爐邊喉嚨呼嚕作響的貓，就是待在家裡舒暢休息的象徵。貓不是我的犯人，牠是偶然和我同住一個屋簷下，和我擁有同等資格的獨立個體。

Chapter 18

動物的謊言

當我騎車的路線不合斯塔茜的心意時，牠就立刻跛行起來。尤其當我從家中騎車前往陸軍醫院上班時，牠表演的跛行姿態就越發出色，導致路過的人常因此責備我這個主人照顧不周。結果一到下午，當我全速行駛二十公里去科澤爾海時，牠甚至不會跟在車後跑，而是擅自取道熟悉的捷徑，在我車前飛快地跑著。到了星期一，跛足的毛病又會再次發作。

我將在下一章指出一般人視「高風亮節」的貓為狡猾欺瞞的動物，是何等謬誤的想法。然而「不欺騙」並不代表貓的卓越。在我個人看來，欺騙的能力正是狗擁有較高智力的展現。事實上，聰明機伶的狗可以在一定程度上掩飾真實情感，我在本章將闡述根據此行為所觀察到的案例。

老狗的欺騙

我的老普里對於他人的愚弄非常介意，因此牠在面臨複雜的社會情境上表現出非凡的理解力。毫無疑問地，聰明的狗能意識到自己的威嚴是否受到挑戰或遭人類嘲笑。當狗發現自己被譏笑，大多數會暴跳如雷或極度沮喪。傑克．倫敦在《白牙》（*White Fang*）中也描寫了他親眼目睹的類似行為。

我在寫這本書的時候，普里已經年邁，視力衰退得相當嚴重，因此不論誰回到家，牠常因此無心地朝對方吠叫，當中也包括我。我會刻意忽略牠的吠叫，但牠反而因未受斥責而大感困惑。

有一天，普里又開始吠叫，起初我還是認為牠是無心的，後來卻發現其實是牠運用卓越智慧上演的一齣戲。當時我剛打開庭院的門，還來不及關上，普里已經大聲吼叫朝我直衝過來，認出我後，牠困惑了一會兒，剎那間顯得不知所措。接著牠從我腿邊擠了出去，跑出敞開的門穿越小徑，對著鄰居的門猛吠，彷彿牠打從一開始就是衝著這個敵人而來一樣。

這次我相信了牠，還以為瞬間的困惑是我的錯覺。因為鄰居確實養了一隻狗，而這隻狗也確實是普里的死對頭，所以普里的狂吠很可能就是針對那隻狗，而不是我。然而類似的行動每天重複出現之後，我終於意識到牠是為了隱藏自己錯吠主人的尷尬，才賣力表演前述動作。隨著時日流逝，普里突然認出我的困惑和躊躇時間愈來愈短；或者可以說，牠「說謊」越發面不改色了。只是偶爾還是會露出馬腳，例如普里在認出我並從我身旁跑過後，有時會停在像庭院空曠處沒對象可吠的地方，每逢此刻牠就進退維谷不知所措，索性朝著牆壁亂吼一陣。

有人將這種行為歸因於生理性的刺激，但毫無疑問地，這種舉動也顯示普里本身對當下狀況的理解，因為牠甚至能利用相同的「幌子」，應對完全不同的欺騙行為。和家中其他的狗一樣，普里也被禁止追逐家禽。每當家裡的母雞啄食普里吃剩的食物時，就讓牠大發雷霆，但因我的禁令，牠不敢追逐母雞，更確切地說，牠不敢承認自己正在追牠們，而只是氣憤地吠叫，並直衝入母雞群中，嚇得雞群咯咯亂叫地四處逃竄。但是牠並不會鎖定其中一隻追逐或啃咬，而是持續狂吠，朝相同的方向直奔而去，就和牠不小心地朝我吠叫後的行動一樣。於是同樣地，吠完母雞後牠也常跑到沒目標可吠的地方，無奈朝著空氣亂吠一通收場。這種結果，來自普里從來未曾事先找好吠叫對象的緣故。

我養的母狗蘇西在七個月大的時候就掌握了這項詭計。牠喜歡跳進雞群中大聲吠叫，嚇得母雞們四處亂飛倉皇逃命，而牠會暗暗幸災樂禍地繼續狂吠，並朝庭院奔去。隨後蘇西會若無其事地折返，以誇張的表情姿態展現自己並非那麼問心無愧，舉止有如一名任性的小女孩。

斯塔茜的欺騙手段則完全不同。眾所周知，很多狗不僅生性敏感，還擅於博取同情，能快速學會如何影響熱心率真的人類，讓他們對自己心生憐憫。我在騎單車前往波森的旅途中，斯塔茜的左前腳肌腱因過度勞累而發炎，由於牠跛得非常厲害，我只好推著車子陪牠步行了好幾天。此後我總是非常小心，一旦發現牠出現疲勞的跡象或又開始跛行時，會立刻放慢騎車的速度。

不久之後，斯坦茜發現了這一點。於是當我騎車的路線不合牠心意的時候，牠就立刻跛行起來。尤其當我從家中騎車前往陸軍醫院上班時，牠表演的跛行姿態就越發出色，導致路過的人常因此責備我這個主人照顧不周。為什麼斯塔茜不愛去陸軍醫院？因為牠必須在那裡守著我的單車達數小時之久；相反地，如果我騎車前往陸軍騎馬學校，由於稍後可以穿越原野，牠的腳痛症狀轉眼消失。拆穿這招騙術的日子莫過於星期六。每逢星期六早上的上班途中，這隻可憐的狗又跛得十分厲害，幾乎追不上我的單車；結果一到下午，當我全速行駛二十公里去科澤爾海時，牠甚至不會跟在車後跑，而是擅自取道熟悉的捷徑，在我車前飛快地跑著。到了星期一，跛足的毛病又會再次發作。

我想在最後分享兩則黑猩猩的故事。這兩個故事雖不是談狗，卻與本章主題極富關連，因為它們各自證明了最聰明的動物不僅可以說謊，還能識破謊言。

沃爾夫岡・苛勒（Wolfgang Köhler, 1887-1967）教授描寫黑猩猩智慧的著作舉世聞名。他曾做過一個非常有名的實驗，讓一隻年輕的雄性黑猩猩嘗試取下懸掛在天花板上的一串香蕉。他原本以為黑猩猩會將房間角落大而輕的箱子推到香蕉下方，踩上去取香蕉；但沒想到年輕的黑猩猩在稍加考慮眼前形勢後，並沒有去搬角落裡的箱子，而是轉身拉起了苛勒教授的手。黑猩猩常用點頭的方式或豐富表情吸引他人注意，並利用請求的語調或拉手，把其他黑猩猩或人類帶到自己想去的地方。同樣地，這隻黑猩猩拉著教授來到房間的另一個角落。教授也任憑黑猩猩引領自己的要求，他也想知道牠的用意何在。他並沒有注意到自己已經被帶到了香蕉的正下方，黑猩猩則像爬樹一樣攀上了教授頭頂，踩在他的頭上伸手一把取下了香蕉，然後迅速逃之夭夭。此時教授才恍然大悟黑猩猩的意圖，儘管和人類所預期的解決方法不同，卻聰明得多。

發生在我的心理學家朋友和一隻猩猩身上的故事則與此極為相似。朋友是阿姆斯特丹動物園園長，那隻猩猩則是一隻巨大的雄性蘇門答臘紅毛猩猩，在成年後被抓獲，住在一個高而寬敞的籠子裡。由於牠和其他紅毛猩猩一樣生性怠惰，為了讓牠運動，朋友交代飼育員每回只在籠子頂部放置少許食物，如果牠想吃香蕉就得自己攀登到高處。

對於紅毛猩猩來說，仿照自然界的艱難生存模式，逼迫牠們進行一定程度的運動是十分必要的。這種做法所產生的心理效果，可能遠比身體效果來得更重要，而且飼育員還可以利用紅毛猩猩爬到籠頂就食的時間進行打掃。但是有一次，這種做法差點招致嚴重的後果。

當時飼育員正在清潔地板，紅毛猩猩突然沿著籠子的鐵棒滑下，並在滑門的鎖正要鎖上時把粗壯有力的手伸到籠門和欄杆之間。儘管朋友和飼育員使出全力試圖將門關上，只見紅毛猩猩穩穩地逐漸地將門推開。眼看牠就要逃出來了，朋友靈機一動（我想只有動物心理學大師才能想出如此絕妙的點子），他猛然將籠門全部打開，一面大叫一面躲閃，並露出恐懼的神情凝視紅毛猩猩身後某處。這隻動物立刻轉身去看究竟發生什麼事，就在這瞬間，門砰的一聲關上了。紅毛猩猩旋即發現自己受騙，憤怒不已。倘若當時籠門沒完全關上的話，在場人員可能都將被五馬分屍。亦即，紅毛猩猩明白了自己是被欺騙的受害者。

Chapter 19

就像那隻貓！

經驗豐富的觀察者可以從貓的表情中，清楚看出牠們當時的情緒狀態，很少動物像貓一樣，可以讓人類預測到牠們下一步行動是友好還是敵對。貓所有的情感都會透過臉部肌肉的牽引而展現，儘管是非常細微的情緒變化，貓的臉上也會毫無保留地顯露出來。

麥凱維提　麥凱維提
沒有貓像你一樣
從來沒有貓能像你一樣
淘氣狡猾　卻讓人愉悅無比

——美國詩人　T・S・艾略特

「就像那隻貓！」（Catty!）過去常用這句話來表示人的虛偽。為什麼貓一詞會被視為一種譏諷和批評呢？我常感到納悶，這當然不是來自貓的狩獵模式——悄然靠近獵物，然後襲擊捕捉；獅子或老虎也用同樣的方式襲擊獵物，但誰也不會用「就像那隻獅子！」、「就像那隻老虎！」來形容心術不正或背地重傷他人的人。同樣地，「嗜殺成性」則常用來形容獅子或老虎等猛獸，儘管貓也會啃咬獵物並置之死地，人們卻不會用這句話來形容家中的貓。

我和貓相處的時間、親密程度都和狗不相上下，卻從沒看過貓出現陽奉陰違的行為，更沒有典型的實際案例可證明貓會欺騙人。我知道有些動物的行為可能會給經驗老到的觀察者留下「圖謀欺瞞」的印象，但實際上絕非如此。

有些狗生性靦腆，不願（甚至可以說不行）讓陌生人碰觸，但是牠們卻經常畢恭畢敬搖著尾巴、擺出奉承的態度，所以麻煩的事也隨之衍生。因為只有經驗豐富的人，才會知道狗想迴避人碰觸的企圖。有些狗在人伸手碰觸時不知為何蹲了下來，不識趣的人若不加思索強行碰觸，膽怯的狗會喪失克制力而突然反咬人手，作為回應人類的「攻擊」。狗咬人多半是因為恐懼，而牠們的驚人之舉卻不免會遭致抱怨，狗兒既然搖尾巴，為什麼又張口咬人。

人對熊的誤解似乎和狗稍微不同，但熊也被扣上了欺瞞的大帽子。熊是一種孤獨的動物，牠們的群體關係還屬於低度開發階段，所以在各方面都缺乏表現行為。熊的臉部覆蓋著厚重的毛，缺乏帶動表情的肌肉，小而直立的耳朵則深藏在密厚的頭毛下，是少數憤怒時耳朵不會朝後方伏貼的大型哺乳類動物。

憤怒的熊會閃電般快速揮動前腳展開突擊，但不會突然張口咬人。一般來說，熊的其他行為表現也不明顯，所以即使牠們發怒，人類也經常沒有察覺，等到發現多半為時已晚。

此外，馴養的熊尤其有爆發激烈、無法預知的憤怒傾向。健康的熊體型圓滾，第一眼見到牠們胖嘟嘟的身材，以及人類眼中的滑稽動作，會讓人聯想到善良溫和的人，所以人類直覺上難以理解，為什麼這種肥胖有親和力的動物會突然發怒。美國的動物園園長荷那第是精通熊的行為科學權威，他指出在獲捕的動物中，馴服的熊是最危險的恐怖分子，他甚至建議：「遇上敵人進犯時，不妨派隻年輕馴服的熊出戰。此外，在《野生動物的心與行動》（*The Mind and Manners of Wild Animals*）一書中，荷那第也描述了幾個馴服的熊所引發的重大災難，其中幾個案例的禍首都是很年輕的熊。

假如熊豎起耳朵、藏起牙齒，並溫和吃著主人手中的蘋果，緊接著的瞬間卻又冷不防用堅硬如鐵的爪掌打擊主人頭部，免不了讓人覺得熊既虛偽又狡猾。從這點來看，我們似乎可以理解荷那第為什麼說熊常戴著假面具。但他這項判斷並不正確也不合理，畢竟熊並非存心耍詐。熊是一種孤獨的動物，不像其他群居性動物一樣能藉由行為把情感傳給同類，所以熊實在不應該被責難。

相反地，「就像那隻貓！」一詞中的貓，卻有高度發展的行為表現。經驗豐富的觀察者可以從貓的表情中，清楚看出牠們當時的情緒狀態，很少動物像貓一樣，可以讓人類預測到牠們下一步行動是友好還是敵對。儘管是非常細微的情緒變化，貓的臉上也會毫無保留地顯露，和貓非常親密的人都能馬上了解貓的反應。

當貓豎起耳朵、睜大眼睛、臉上舒坦無皺紋地望著觀察者時，表示牠的態度友善。不論恐懼或滿懷敵意，貓所有的情感都會透過臉部肌肉的牽引明顯展現出來。以帶有「野生色彩」的貓為例，牠們臉上的條紋可以強調臉部動作並使表情更加鮮明，這也是為什麼我比較喜愛帶有野生色彩「就像那隻老虎！」的家貓。

絕不奉承的貓

當貓的內心產生些許懷疑（但還沒達到恐懼程度），牠那天真的圓眼會變化呈杏仁狀，同時斜斜吊起，耳朵則稍微俯貼。所以觀察者只要從貓的眼睛和耳朵變化，就能察覺牠們精神狀態的轉變，至於身體其他部位的微妙變化，或尾巴先端的些微搖動，都不是必要的觀察重點。

貓的恫嚇表情非常豐富，但表現方式則隨對象而異。例如面對介入貓生活太深的人類夥伴，以及面對狗或其他貓等可怕敵人時，貓採取的態度都有所不同；此外，純粹為了自衛而採取的態度，和自信滿滿讓對手知道自己即將出招的態度也有所不同。貓通常會讓對手知道自己的攻擊企圖，牠們很少在沒有預警的情況下啃咬或抓傷對手，除非這隻貓的心理狀態有問題（貓和狗都可能罹患精神疾病）。通常在攻擊前幾秒，貓逐漸高張的恫嚇姿勢會突然變得激烈，明顯是下一步舉動的最後通牒：「快滾！否則我只好訴諸報復手段囉！」

貓經常採用「拱背」姿勢來恫嚇狗或其他危險的掠食動物，方法是身體直立、四肢硬挺，盡可能讓背部高高拱起；背部和尾部的毛豎立，讓身體看起來比敵人大一些，尾巴還稍微朝一邊傾斜。這時，牠們的耳朵會平坦地朝後俯貼著，嘴角朝後方牽引，鼻部掀起皺紋，並從胸部發出低沉、奇妙的金屬吼聲。達到極點時，通常會產生人們熟悉的「吐唾沫」般的聲音，這種聲音是張大嘴巴、露出門牙時從喉部發出的。

這套恫嚇姿勢是貓的自衛手段，當貓突然撞見大狗，來不及走避時最常採用這招，假如狗無視貓的「警告」，逐漸逼近，貓會靜待狗跨過「臨界距離」後立刻展開攻擊。貓通常會瞄準狗的臉部直接襲擊，並利用趾爪和牙齒猛襲狗最脆弱的部位（例如眼睛或鼻部）。當狗稍微露出畏懼神色，貓便利用短暫的瞬間逃跑。貓的短擊只是為了換取時間逃命，但在保護孩子時，貓會拱起背部展開長時間的賣命攻擊。貓會主動走近對手，並在對手的前後左右來回奔跑；貓移動的方式也非常奇妙，因為貓會一直讓對方面向自己的側腹。

但是，這種尾巴擺在側面並展示側體的的快跑方式，最常見於小貓戲耍時。除了遊戲之外，我從沒見過大公貓做過類似的動作，因為牠們並未遭遇過必須採取這種行動以對付敵人的處境。

對於哺乳中的母貓來說，展示側腹的攻擊是無條件的自我犧牲，而且在這種情況下，就連最溫順的貓也所向披靡。我曾看過惡名昭彰的弒貓惡犬遭到這種攻擊時，竟然落荒而逃。美國動物文學家西頓（Ernest Thompson Seton, 1860-1946）曾在書中描寫精采真實的貓故事：黃石公園內一隻母貓緊追不捨地驅趕一頭大熊，直到逼得嚇破膽的熊爬到樹上才罷休。

兩隻貓（尤其是兩隻公貓）開戰前的恫嚇姿勢大不相同，卻壯觀得讓人印象深刻。牠們僵直四肢，相視而立，並不展示背或側面；各以獨特的聲調對恃吼叫，同時揮動尾巴，頭挨著頭站立；接著牠們像銅像般僵持好幾分鐘，試圖以「看誰忍耐得久」的堅持，一挫對手銳氣；接著占優勢的一方會緩慢前進，一步步逼近對手，緊盯對手的臉並揚起恐怖的吼聲；一段時間後，在人類肉眼幾乎來不及捕捉的短暫瞬間爆發敵意。《西頓動物記》（*Wild Animals I Have Known*）中，鉅細靡遺描寫了公貓打架時的複雜「儀式」，內容非常生動精采。

假如貓的人類好友把牠當成「玩物」看待，貓忍無可忍時，也會展示另一種非自誇且與屈從姿勢結合的恫嚇模式。這種恫嚇模式常見於動物不熟悉的環境，例如在貓的評鑑會或其他陌生場所。

在這些場合裡，貓必須忍受評審員或陌生人觸摸，這時受驚退縮的貓會放低身體趴在地板上，耳朵像恫嚇般扳往後方，尾巴先端則發怒似地左右揮動。如果情緒進一步轉變，貓會開始低吼。

接著，貓會設法尋找安全的遮蔽處。有時牠們會躲進餐具櫥櫃或暖氣管後面（這是貓患者在動物醫院中最喜歡的場所），有時則爬到煙囪上；如果找不到好的避難地點，貓會採取讓背脊頂在牆壁上的半身架勢。即使在評鑑會的裁判臺上，貓也會擺出這種動作，顯示牠將馬上用前腳展開攻擊。當驚嚇加劇時，半身架勢會更加朝向側面，最後則舉起預備攻擊的前腳，同時露出爪子。

貓的恐懼一旦超過極限，本能反應就是訴諸最後的防衛手段，也就是臉向上仰，並向攻擊者亮出所有法寶。

最後這招常出現在評鑑會評審階段，經驗老到的評審員對小猛獸的可怕恫嚇毫不在意，他們一臉滿意地摸著面前抬起前腳、張口露喉、高聲或低吼準備開戰的小傢伙，那種神情常讓許多飼主吃驚不已。儘管貓表達的是：「別碰我！否則不要怪我抓人或咬人！」但直到關鍵時刻，牠仍沒有付諸行動，頂多不高興地輕微抓咬一下罷了，畢竟馴養的動物早已養成禁得起嚴厲考驗的自制能力。因此，貓在評鑑會上並不會猛咬評審員，反而（就貓的立場來說）擺出恫嚇態度以保護自己免受評審干擾，儘管這種恫嚇架勢不會真的付諸行動。

在比其他任何動物更能坦然表達感情的貓上，我實在找不出所謂「就像那隻貓！」所指的虛偽特質。我只能說，家貓被冠上這項不合理的批判，可能是因為牠們不會奉承人類的緣故。

即使是欣賞大公貓氣概、討厭把動物擬人化的觀察者也不得不承認，貓和貓科猛獸的典型優美動作確實和部分女性有相似之處。只不過對於許多男性來說，這類型女性儘管深具魅力卻難以理解——卡門即是這種女性的典型代表，她因此獨自承受了男性對虛偽的不滿，這也是使世界文學增色之處。因此我個人深信，「就像那隻貓！」被視為虛偽，正是因為許多優雅如貓的女性十分符合這個形容詞的緣故。

Chapter 20

動物的良心

在人類語言的最高意識上，真正的道德是以任何動物都欠缺的精神能力作為前提。相反地，若沒有一定的感情基礎，人類的責任也根本不存在。即使是人類的道德意識也根植於內心深處的本能，即使按本能之外的理性行事也未必不會受到懲罰。倘若一味地把含有倫理性動機的行為正當化，內心的情感將會起而反抗，這時傾聽理性而忽視情感的人便會產生苦惱。

你把這顆負罪的良心
拿去作為你辛勞的報酬吧！

——莎士比亞《理查二世》

在歷史文明的發展過程中，野生動物的存續始終受其居住環境的影響，而在某種意義上來說，野生動物的「天堂」其實是人類早已失去的樂園。野生動物流露出的每個意願都是「善意的」，也就是說，牠們發自內心的所有本能活動最終都將有益於特定物種或其族群的發展。對於自然狀態下的野生動物來說，自然的性向和「應該做」不存在矛盾，而這正是人類已然失去的「樂園」。

人類高度的精神文明成果例如文化發展，尤其在語言和抽象思考的能力，以及知識的積累傳承上。比起傾向發展器官系統的生物，前述的成果使人類在歷史性的演化得以快上數千倍的速度進展。然而，人類的本能和先天行為反應卻展現出極其緩慢的發展，根本無法比擬文化發展的驚人步調。

人類的文化條件因知性產生改變，因此「自然的性向」已不再適合人類的文化條件。儘管人並非天性本惡，卻因為了充分反映文明社會的要求，也不再是天性本「善」。相較於野生動物，有文化的人類（此處意指所有的人類）不再盲目仰賴本能行事，畢竟多數的本能顯然和社會對個人的要求站在對立面，所以那些最純真善良的人類，必須意識到自己的作為是反文化且反社會的。

野生動物會無法自制地依循本能行事，因為本能滿足的是個體和物種利益；然而從人類的眼中看來，本能卻具有毀滅性。因為本能與人類應該且必須遵循的其他衝動有著相同的訴求，所以十分危險。有鑒於此，人類不得不藉由自主思考檢驗每一種衝動；不斷探問自己，倘若屈服於這種衝動是否會損害人類創造的文化價值。正是人類文明之樹的果實，讓人類放棄了安全、本能存在的特定小環境；卻也是這樣的文明果實促使人類將生存環境延伸至世界各地，並進而對人類留下重要的提問：屈服於內心的衝動是否無傷？如此是否將危及人類社會的最高價值？自主思考不可避免地迫使人類意識到，作為人類社會的成員，我們都是整體的一部分。這種認識使人類產生了良心，接下來又得面對一個疑問：倘若完全按照內心衝動行事，結果又會如何？哲學家康德（Immanvel Kant, 1724-1804）也提出了類似的質問：個人行為的準則能否提升至自然的法則？如此一來是否會有違理性？

在人類語言的最高意識上，真正的道德是以任何動物都欠缺的精神能力作為前提。相反地，若沒有一定的感情基礎，人類的責任也根本不存在。即使是人類的道德意識也根植於內心深處的本能，即使按本能之外的理性行事也未必不會受到懲罰。倘若一味地把含有倫理性動機的行為正當化，內心的情感將會起而反抗，這時傾聽理性而忽視情感的人便會產生苦惱。關於這一點，我將在後文和各位分享一些小故事。

「犯罪者」的自我譴責

許多年前，我曾任職於動物學研究所。我在那裡負責飼養小蟒蛇，牠們的日常食物是死亡的家鼠或田鼠。通常一隻小蟒蛇一頓能吃下一整隻大家鼠，而且每週須餵食兩次，因此我經常得為此開殺戒，讓蛇群溫馴地享受我手中的美饌。

家鼠不像田鼠容易繁殖，所以研究所裡養了許多的田鼠。用田鼠餵蛇雖然不成問題，但我還得宰殺小田鼠，偏偏小田鼠那圓滾滾的腦袋、大大的眼睛、肥肥的小短腿和嬰兒般笨拙的動作都如此可愛討喜，因此我內心相當抗拒以牠們作為蟒蛇的餌食。但當家鼠受我宰殺數量驟減，終於引起動物飼養部門的不滿後，我只好勉強重新以小田鼠餵食。

當時我自問究竟是經驗豐富的動物學家，抑或多愁善感的愛鼠人士？最終我還是狠下心來殺了六隻幼鼠餵食小蟒蛇。從康德學派的倫理學角度來看，這種行為是絕對可以正當化的，因為理性指出，宰殺田鼠的幼鼠和家鼠的成鼠都無須受譴責。儘管如此，這些事仍會潛藏於人類的靈魂深處，最終將無法掩蓋。

在這件事上，我的理性使我壓抑著不殺幼鼠的感情衝動，我也為此付出了極高的代價。在宰殺幼鼠的一週裡，我每晚都因反覆夢見殺鼠的場面而驚醒。在夢中，幼鼠比實際中更溫順且惹人憐愛，牠們的臉蛋猶如嬰孩，哭聲也有如人類，無論我如何拿牠們的頭用力敲擊地面（這是殺小動物時最快、最不帶痛苦的方式），牠們卻始終沒死。我就不再詳述這種帶著畫家勃魯蓋爾（Pieter Bruegal, 1525-1569）地獄幻想的恐怖夢境了，毫無疑問地，我因宰殺幼鼠陷入了輕度的神經衰弱。

我從這件事得到了很深的教訓：此後不再為多愁善感或聽從內心深處的情感而痛苦，無論康德的倫理學原則多麼合理，我也決定忽視，但這也讓我無法再從事必須做活體解剖的研究。從道德角度來看，並不能全面否定活體解剖，我無法譴責這點；但也只有我自己清楚殺死幼鼠承受了多麼巨大的壓力，在我看來好比殺人的經歷，可想而知我遭受的心理創傷。如同死去的幼鼠連續數晚纏繞在我的夢中，我幾乎可說擁有了殺人凶手的心理，這也是為何美國作家愛倫・坡（Edgar Allan Poe, 1809-1849）的小說《告密的心》*如此可信了。

深深根植於情感中的悔恨，也存在於高度社會性動物的內心，這個結論得自於我對許多狗在行為模式上的觀察。

我曾述及我的法國鬥牛犬普里，牠雖然已年邁，情緒仍喜怒無常。我在前面提到曾在一次滑雪旅行後，以十先令買回了一隻漢諾威獵犬赫斯曼，或者確切地說是這隻狗「捕獲」了我，因為牠如影隨形非要跟著我回到維也納。

赫斯曼的到來對普里來說是個沉重的打擊，如果我早知道這隻老狗會因嫉妒而如此痛苦，我可能不會把漂亮的赫斯曼帶回家。那些日子，家裡瀰漫著沉重緊張的氣氛，最終爆發了一場我有生之年見過最慘烈的狗與狗大戰，而且還是唯一一次發生在主人房間裡的戰鬥。一般來說在狗之間，即使是不共戴天的仇敵在主人房間裡也會休戰。當我試圖拉開兩隻戰鬥者時，普里卻出乎意料地狠咬了我的右手小指關節處。戰鬥結束後，普里在精神上遭受前所未有的嚴重打擊，牠完全崩潰了。儘管我並未斥責還不斷地撫慰牠，但牠仍癱倒在地，無法起身。牠的身體如發燒般微微顫抖，每隔幾秒就抽搐一次，呼吸也變得十分急促，不時從胸中吐出深深的嘆息，眼眶也滿溢著大顆淚珠。由於普里無法自己站立，我不得不每天數次把牠搬到街上排泄，牠再設法回來；但牠因神經大受打擊導致肌肉失調萎縮，只能以很緩慢的速度爬上階梯。不知情的人看到普里的狀態，都以為牠患了重病。過了很多天，普

---

* 編注：The tell-tale heart，愛倫．坡於一八四三年所著的短篇小說。故事的主人翁謀殺了一名老人，並把屍體肢解藏在地板下，並因而出現老人的心臟仍在地板下跳動的幻覺。

里才肯進食，而且必須由我連哄帶騙地餵牠吃飯。幾個星期間，牠始終對我擺出卑微哀求的態度，這種態度和牠過去自我且毫無奴性的作風，形成了巨大且可悲的反差。普里的嚴重自我道德譴責對我造成極大的影響，我不禁開始自責起收養赫斯曼的行為。

我在阿爾騰堡時，也曾和鄰居飼養的雄性英國鬥牛犬發生過一段不那麼心痛的感人經驗。這隻狗叫邦左，對陌生人非常凶，對主人的朋友卻很溫馴。邦左和我很熟稔，偶爾在路上遇到我時還會親熱地問候我。有一次，鄰居家的女主人邀請我到家中喝茶，我騎著摩托車過去，把車停在森林裡唯一一幢房子前。當我下車背對門準備彎腰停車時，邦左飛奔過來用牙齒直直咬住了我的腿，並使出全身蠻力緊咬不放。原來是因為我穿著連身工作服，而且背對牠，所以牠才沒認出我。我難忍痛楚地大喊邦左的名字，牠隨即像中彈般立刻趴倒在我面前。顯然是一場誤會，還好我的衣服很厚，僅僅只有皮膚表面擦傷，結果反而換我不斷為邦左打氣撫慰。沒一會兒我就忘了這件事，這隻鬥牛犬卻非如此。牠整個下午都圍著我打轉，我喝茶時也緊挨在腳邊，每當我看向牠，牠會筆直坐起身，用凸凸的眼睛凝視著我，同時慌亂伸出前腳祈求我的原諒。幾天後，我和邦左又在街上相遇，牠雖不像平常那樣熱烈地迎上前，卻仍一副低聲下氣的姿態朝我伸出前腳，再度請求諒解，而我欣然地握住了牠的「手」。

評價兩隻狗的行為之前，必須先了解牠們過去未曾咬過我或其他人，也不曾因此受懲罰。既然如此，牠們又是怎麼知道自己疏忽大意的行為是一種罪行？我相信牠們在闖禍後的心理狀態，和我殺死幼鼠後的沮喪並無二致。牠們做了深植於本能情感上不允許牠們做的事，儘管這樣的行為出於偶然，而且從道德的理性角度來看是完全可以原諒的。可是，就像我前面解釋殺鼠邏輯一樣，「犯罪者」必定會承受來自心理上的極大衝擊。

另一種完全不同的良心苛責，則常見於聰明的狗身上。牠們「犯的罪」，從本能的社會抑制角度來看是完全可以理解的，然而卻是訓練時所嚴禁的行為。因此牠們在「打破禁忌」後，通常會露出虛假的天真或不自然的矯飾表情。聰明的狗（和小孩一樣）知道如何在這種情況下掩飾自己，所有經驗豐富的養狗者也很清楚，狗兒的目的在於掩藏內心的歉咎。牠們這種行為和人類有著驚人的相似，以致施罰者難以真正給予相應的對待；即使是我，也很難對內心毫無愧疚且根本沒想到會受罰的初犯加以斥責。

老吳爾夫是家中鬆獅犬和德國牧羊犬的後代，由於體內狼血統的特徵十分明顯，所以也是家中殺氣最重的「獵人」。在我的管教下，我知道無論如何牠都不會招惹我養的家禽，然而每當新成員到來，還是會讓我嘗到驚恐的滋味。某一年的耶誕節，妻子送我四隻小孔雀，當我還未思及牠們的安危時，老吳爾夫就已闖入牠們的籠子，並在我趕抵現場前殺害了一隻小孔雀。老吳爾夫為此受到了嚴厲的懲罰，自此之後再也沒正眼瞧過其他的孔雀。在老吳爾夫的眼中，這些孔雀是我最早飼養的第一批非家禽類的鳥類，因此牠腦中顯然不存在任何禁止侵犯的念頭。

探討老吳爾夫對不同鳥類的自制力及區分鳥類的能力，在我看來非常有趣。牠的自制可以說完全從抽象概念來區分。在牠眼中，所有的鴨子都不可侵犯，即使從一般品種分化出來的遠緣物種，牠也一律尊重。由於我已經教過牠不能殺害孔雀，所以我以為牠也會像謹慎對待鴨子一樣，尊重所有非家禽類動物，而我的想法卻是大錯特錯。

有一次，我為了孵鴨卵買回一隻母雞，誰知老吳爾夫再次破壞籠子，把七隻雞盡數殺害。牠再度受到了輕微的懲罰，並由此確認了新的「禁忌」，後來我又買了一些母雞，這次老吳爾夫再也不敢招惹牠們。幾個月後，家中又多了幾隻白鸝和金鸝，這次我學乖了，先把狗叫到關著鳥的木架前，輕輕地將牠的鼻子按向鳥的臉上，口中說著平時的訓練話語，邊輕輕地拍著牠。這種預防措施效果很好，老吳爾夫從此沒有再傷害過任何一隻雞。不過沒多久，牠卻做了一件從動物心理學來看相當有意思的事。

一個美好的春日早晨，我走入庭院，令我驚訝的是，眼前竟是站在草地中央，嘴裡叼著雞的老吳爾夫。牠沒注意到我，於是我得以在一旁靜靜地觀察。奇怪的是，牠沒有亂甩或粗暴地對待這隻雞，而是一臉老實溫和地站在原地，露出困惑的表情。我見狀高聲喊了牠的名字，牠露出喜悅的神情高舉尾巴奔跑過來，嘴裡還叼著那隻雞。隨後，我發現老吳爾夫嘴裡叼的不是我養的雞，而是野雞。顯然這隻聰明的狗發現「庭院的入侵者」時，曾深思熟慮過這隻雞到底是否屬於主人口中「不可侵犯」的對象。一開始牠可能把這隻雞看成普通的獵物前去追捕，也許是雞的氣味讓牠想起了那些不能侵犯的家養雞，因此放棄殺死牠的念頭。如果換成其他獵物，可能早就一命嗚呼了。當老吳爾夫正想放雞一馬時，剛好聽到我的呼喚，於是欣喜地跑來讓我做最後的裁斷。這隻精神矍鑠的美麗公雞最後毫髮無傷，在我的雞舍中生活了很多年，並和我養的另一隻母雞孕育小雞。

我那些凶猛的大狗，對阿爾騰堡研究院裡的動物都非常小心謹慎，所以那些未曾嘗到苦頭的動物遇到其他狗時，根本毫無危機意識，也不知道要逃跑。雖然我可以教狗不去傷害鵝，卻無法讓鵝了解別去招惹狗。例如血氣方剛的灰雁顯然把狗好意讓路以避免衝突的做法，歸因於自己英勇的戰鬥能力，灰雁的不知好歹程度簡直叫人吃驚。我曾在一個寒冷的冬天目擊下面的場景：三隻大狗衝到庭院籬笆旁，朝對面的敵人高聲狂吠。在雙方凶猛的「吠叫線」之間，只見六隻灰雁相互緊挨地蹲在那裡，三隻狗不斷咆哮試圖驅趕牠們，誰知幾隻雁壓根兒不打算起身，有的還伸長了脖子，朝著狗吠處尖聲回叫，發出了嘶嘶的聲音。最後三隻狗在打道回府的途中，寧可行經厚厚積雪處像畫一個大半圓一樣繞道而行，也要避開這些「目中無狗」的灰雁。

雁群的首領是一隻老雄雁，牠是一個專制的暴君，似乎覺得戲弄狗為自己的天職。那時，牠的妻子在庭院通往廣場的入口門處短階梯旁孵蛋。每當門一打開，狗兒們就會朝著入口處吠叫，這是牠們自願負起的職責之一，還會不時在階梯附近來回巡視。不久之後，老雄雁發現若躲到階梯的最上層，就能抓住天賜的良機惡整狗兒，趁牠們走過時掐擰牠們的尾巴。因此如果狗想安然無恙地抵達門口，唯一的辦法就是把尾巴緊緊地夾在兩腿間，然後像陣風地似地穿過這個發出嘶嘶聲的「老惡魔」身旁。

普比是父親的愛犬，也是我的母狗媞托的兒子，更是老吳爾夫的祖父，還是我目前養的母狗蘇西的老祖先。普比性情溫和而敏感，對老雄雁的騷擾十分反感，因為在當時養的三隻狗中，牠被偷襲的次數居冠。每當經過命運的階梯時，都會先發出痛苦的哀嚎，這個事件最終演變成一個戲劇性結果。在一個晴朗的日子，「老惡魔」被發現橫屍在自己的地盤，屍骸顯示頭蓋骨底部有輕微斷裂的痕跡，顯然是被狗咬傷的。而那天普比不見蹤影，連吃飯都沒出現。我們大費周章地尋找，才在狗兒們平時很少去的閣樓洗衣房的陰暗角落找到普比。牠當時縮在一堆舊貨箱之間，呈現精神衰弱的崩潰狀態。我頓時明白了事件的經過，真相就彷彿親臨現場般明朗起來：老雄雁緊緊抓住急速跑過的普比的尾巴，因為過於疼痛，普比出於自衛下無法克制地回咬了一口。不幸的是，老雁已經二十五歲高齡，骨頭可說不堪一擊，普比的門齒咬到了「老惡魔」的頭蓋骨造成致命傷。最後普比並未因此受罰，畢竟「加害者」和「受害者」在這場事故中各處在特殊情境中。至於老雁則成了週日餐桌上的盤中飧，也打破了一則流傳已久的迷信：野生老雁的肉必定堅硬難以入口。這隻雁不僅大而肥，著實讓我們享受了一頓豐盛大餐。妻子對於老雁活了二十年以上仍維持如此嫩滑肉質，覺得非常不可思議。

Chapter 21

愛與忠誠的化身

當牠沿著寧靜的多瑙河畔，途經落滿灰塵的道路和街道，陪伴我散步時，那緊緊跟著我全身緊繃的模樣，像極了所有的狗——即從第一隻被豢養的灰狼以來每一隻追隨主人的狗一般，是愛與忠誠的化身。

感覺如同死亡，無法逃避
害怕失去，卻也只能哭泣

——莎士比亞《十四行詩》

想必神當初創造世界時，並沒料到人和狗之間竟會積澱出深厚的友誼，否則祂賜與狗比主人短上五倍的壽命應有其道理（對許多主人來說卻是永不可解的謎題）。人的一生中難免會面臨傷痛：和親愛的人分離，或眼見年長的親人逐步走向生命尾聲。儘管每個人都有專屬自己的悲傷，我們仍不禁自問：將感情寄託在比人類早衰亡的動物身上，亦即對即使和自己同日出生卻於孩提時代就逝世的動物依戀不已，究竟是對是錯？

眼看多年前（記憶中似乎才不過數月前）還在蹣跚學步的小狗竟逐漸顯現老態，心知再過幾年後就將離我而去時，不禁會感嘆生命無常。我必須承認，愛犬的年邁與病痛總會讓我十分悲傷，當我想到即將發生的死亡時更是憂鬱纏身，痛苦萬分。特別是當愛犬受絕症折磨痛苦不堪時，所有的主人都會經歷嚴重的心理衝突與兩難抉擇：是否該結束牠的性命，讓牠毫無痛苦地離開？

奇怪的是，命運總是讓我免於做出這樣痛苦的決定。我養的狗當中，除了其中一隻，其他全都毫無痛苦地安享天年。但大多數飼主並不像我這麼幸運，所以對於那些不願再面臨生離死別，而對飼養新狗兒躊躇不前的人來說，我們絕不能給予壓力或譴責。在人的生命中，所有的喜悅都必須以嘗受悲傷來贖得，一如英國詩人彭斯（Robert Burns, 1759-1796）曾說：

喜悅宛如盛開的罌粟
手才剛觸及就已凋謝
一如飄落河面的白雪
皚皚清透，轉瞬消融

我認為害怕悲傷而放棄迎向生命中可擁有且合乎倫理的喜悅的人，是十足的逃兵。不願為喜悅承受痛苦的人不如隱居閣樓，像不開花的樹般等待凋零。儘管一隻忠誠陪伴主人十五年的狗的死亡，彷彿摯愛之人離世般令人痛苦不已。不過對於一些主人來說，狗的死亡所帶來的痛苦可能較少，或是比起親友更具可替代性。

我和所有愛狗人一樣，承認狗是相當獨立的個體，有著自己的性格與特質，但狗和狗之間確實存在著更多的相似性。生物間的個體差異和其智力發展程度成正比，例如同種類兩隻魚的行為反應幾乎完全一樣；但對於熟悉動物行為的人來說，兩隻金倉鼠和兩隻寒鴉之間的行為則有顯著的差異，兩隻灰鴉或兩隻灰雁也有著明顯的區別。

作為家養動物的狗，在行為上比那些非家養動物展現出更多的個體差異。但相反地，牠們的內心深處和主人的本能情感十分相似。大多數情況下，主人在愛犬死後立刻飼養一隻同種的小狗，小狗將填補「老朋友」死亡的內心空虛。有的主人甚至會因從新養小狗身上得到慰藉，深感對已逝愛犬不忠而羞愧不已。倘若角色互換，狗可就比牠的主人忠誠多了。如果主人過世，狗幾乎不會在半年或更長期間之內去尋找新的主人。對於不承認對動物須負起任何道德責任的人來說，也許會認為這種羞愧感幾近荒謬，但我本人對此有著完全不同的理解。

有一天，當我發現我的老普里因受宿敵攻擊死於路邊時，我除了感到悲傷，也為牠沒留下子嗣而深感遺憾。那時我只有十七歲，第一次失去狗，我對牠的思念之情難以言表。自我有記憶以來，普里一直是我形影不離的夥伴，牠在我身後慢跑時一瘸一拐的跛行節奏（牠的前腳因骨折後治療不當所致）和我的腳步聲相互呼應。直到牠離去，我才意識到我再也聽不到牠那笨重的腳步聲，以及隨之發出的鼻息。在普里死後的那段日子裡，我才真正了解為何一些體質敏感者對於死者亡魂的存在深信不疑。之後的幾個星期裡，普里多年來尾隨我身後奔跑的腳步聲，一直縈繞在我的耳畔和腦海裡。在寧靜的多瑙河畔，這種聲音宛如瀰漫在沉滯空氣中的幻覺。每當我下意識地豎耳傾聽，腳步聲便立刻消失，而待我的思緒開始漫遊時，聲音又再浮現耳際。直到媞托的出現，那時牠還是個蹣跚學步的小狗，當牠開始在我身後奔跑，普里的亡魂才終於消失。

如今，媞托也去世好久了，多麼遙遠的往事啊！但牠的靈魂仍然跟在我的身後。我對媞托的死採取了一個十分特殊的因應方式。當媞托和普里一樣毫無徵兆地在我面前死去時，我意識到將有另一隻狗像媞托那樣取代普里的位置，我頓時對自己的不忠感到萬分羞愧。於是我在牠的葬禮上立了一個奇怪的誓：從今以後，只有媞托的後代能伴我左右。由於生物學上的原因，人無法只對一隻狗忠誠，卻能對某一物種忠誠。

即使是個性鮮明的人類，部分的個性特徵也會經由遺傳保留下來。我的小女兒在尷尬時會傲慢地轉頭，這個動作和她從未謀面的祖母十分相似；她和她的弟弟沉思時，那皺起的眉頭和妻子的父親也一模一樣，這難道就是所謂人世間的輪迴嗎？我天生有一雙觀察細微動作變化的銳利眼睛，這使我注定從事觀察動物的工作；也拜敏銳的觀察能力所賜，當我看到孩子和他們的祖父母擁有神似的表情或動作時，總是深受感動，畢竟這些都是鑲嵌在基因裡的符號（無論是好的壞的，有益的抑或危險的）。難以置信地，我也發現我的一個孩子身上偶爾會依次出現祖父母的四種性格特徵，有時則是一起出現。如果我了解他們的曾祖父母，我可能也會在我的孩子身上看到他們的影子，甚至可能發現他們的性格在我的後代中混亂地分布著。

於是，當我在小母狗蘇西身上看到天真率直的個性時，我常會有靈魂不朽的想法，因為我十分熟悉牠所有的祖先。狗的性格比人類簡單得多，祖先的性格更容易遺傳給子孫，因此遺傳性狀在後代身上會越發明顯，且比人類多上許多。

因此，當我佯裝開朗接待那些打擾我工作的客人時，蘇西絕不會被我表面的言詞所騙，而是執拗地朝著「入侵者」吠叫（當牠年紀更長後甚至會輕咬對方）。這隻小狗不僅繼承了媞托能洞悉我內心深處情感的能力，而且彷彿就是媞托的化身！當蘇西在乾淨的草地上為了捕鼠誇張地跳躍時，牠展現的熱情就和鬆獅犬祖先佩吉一樣，此時牠就是佩吉的化身；當牠在我訓練牠「坐下」的技能時，偶爾找些藉口賴皮地站起身，這也是牠的曾祖母在十一年前用過的伎倆；當牠在水池中打滾、在泥濘裡玩耍，然後渾身沾著泥巴天真地走回家時，牠又像是斯塔茜的轉世；當牠沿著寧靜的多瑙河畔，途經落滿灰塵的道路和街道，陪伴我散步時，那緊緊跟著我全身緊繃的模樣，像極了所有的狗——即從第一隻被豢養的灰狼以來每一隻追隨主人的狗一般，是愛與忠誠的化身。

和動物說話的男人：

《所羅門王的指環》作者的狗貓行為觀察學

So kam der Mensch auf den Hund

作者　康拉德・勞倫茲（Konrad Lorenz）
譯者　張冰潔

副社長　陳瀅如
總編輯　戴偉傑
主編　周奕君
行銷總監　李逸文
行銷企畫　童敏瑋

封面設計　許晉維
封面插畫　Vita Yang
內頁插畫　Annie Eisenmenger
電腦排版　極翔企業有限公司

出版　木馬文化事業股份有限公司
發行　遠足文化事業股份有限公司（讀書共和國出版集團）
地址　231新北市新店區民權路108之4號8樓
電話　02-2218-1417　傳真　02-2218-0727
email: service@bookrep.com.tw
郵撥帳號　19588272 木馬文化事業股份有限公司
客服專線　0800221029
法律顧問　華洋法律事務所 蘇文生 律師
印刷　前進彩藝有限公司
初版　2018年8月
初版5刷　2024年5月
定價　新臺幣360元
ISBN 978-986-359-568-7

國家圖書館出版品預行編目(CIP)資料

和動物說話的男人：《所羅門王的指環》作者的狗貓行為觀察學 / 康拉德・勞倫茲著；張冰潔譯. -- 初版. -- 新北市：木馬文化出版：遠足文化發行, 2018.08
272面；14.8 x 21公分. --
譯自：So kam der Mensch auf den Hund
ISBN 978-986-359-568-7（平裝）

1.動物心理學 2.動物行為
383.7　　107010553